残膜捡拾机
核心机构设计

CANMO JIANSHIJI HEXIN JIGOU SHEJI

张亚新　相吉山　著

中国农业出版社
北　京

前言
FOREWORD

从 20 世纪开始，随着塑料工业的快速发展，地膜覆盖栽培技术被广泛应用于田间生产，地膜覆盖栽培技术具有保温、保墒、抑制杂草生长、改善土壤团粒结构及增加作物产量等优点，是目前农业生产中最行之有效的增产手段之一。地膜技术从 20 世纪 50 年代起在欧洲及美国、日本开始使用，由于经济效益十分显著，很快在世界上得到了广泛应用。但农用塑料薄膜在自然条件下极难降解，如果将地膜遗留在土壤中，会对农业生产本身构成一系列严重危害。因此，必须及时对地膜进行回收。目前，我国在地膜覆盖面积和使用量上均是世界第一位，在我国东北、西北地区覆膜技术应用尤为广泛，我国使用地膜的耕地面积已有上千万公顷，每年的地膜用量也已达到几百万吨，地膜已经成为我国农业生产中必不可少的农业生产资料之一。

现阶段，国内外使用的覆盖地膜主要是聚乙烯材料制成的普通地膜和可降解地膜。可降解地膜因力学性能差、造价高以及降解条件难以控制等原因，在技术瓶颈突破前很难大范围推广。聚乙烯材料制成的地膜在一定时期内会长期大范围使用，但这种地膜在自然条件下分解需要 200~400 年。如果残膜得不到有效治理，不仅会破坏上壤团粒结构、导致土壤退化，而且影响到我国农业的可持续发展，使农业生产遭受损失。一方面，耕作土壤中大量残留的地膜阻碍了作物根系的水肥流动，恶化了土壤结构；另一方面，影响种子发芽和根系生长。另外，残膜容易混入饲料中，造成大量牲畜因误食而生病或死亡。不仅如此，残膜对耕种机具的使用也有较大的影响。一方面，残膜阻碍农用机具的前进，导致农机具的功耗增大。另一方面，残膜容易缠绕在田间作业机械的零部件上，使农用机具频繁停车清理。这些影响大大降低了农机的作业效率。

我国对残膜回收机械的研究起步较早，最早的相关专利可追溯到 20 世纪 80 年代。经过近 30 年的设计研发以及推广应用，我国市面上常见的残膜捡拾机有 200 余种，大量的残膜回收机具得到了广泛推广和应用。尽管如此，残膜污染现象依然严峻，残膜捡拾机回收率低等问题始终不能得到很好解决，大多数地区依然依靠人工捡拾残膜。本书针对目前国内十大类残膜捡拾机的结构、工作原理和推广应用的典型机型进行归纳梳理，并在原有机型设计的基础上进行改进，完善设计缺陷，提高残膜捡拾机的捡拾率、可靠性和适应性。本书收录了创新设计的残膜捡拾机部件及相关工具 82 种，很多已经用于实际生产，并取得了很好的效果。因此，可供国内中小微农机企业的设计部门使用。同时，本书提出的残膜捡拾机设计思路和设计方法也可为残膜回收机的理论研究提供参考和借鉴。

本书由赤峰学院张亚新教授和伊犁师范大学相吉山研究员合著，研究内容及出版得到智力援疆创新拓展人才计划——谷物机械种植技术推广团队项目、内蒙古自治区高校青年科技人才发展计划项目（NJYT22117）、内蒙古自治区自然科学基金面上项目"残膜非垄向捡拾基础理论及关键技术研究"（2021MS05001）以及新疆维吾尔自治区"天池英才"领军人才项目的资助支持。

由于笔者水平有限，书中难免存在疏漏之处，恳请读者批评指正。

著　者

2024 年 1 月

目 录
CONTENTS

前言

第 1 章 残膜力学试验工具

残膜捡拾机设计的第一步是测试捡拾对象的力学性能。种植地区不同、种植作物不同、残膜捡拾的时间不同，残膜的力学性能是不一样的。对残膜的力学性能测试，将有助于提高残膜捡拾机的残膜捡拾率。

残膜的力学性能按照《塑料 拉伸性能的测定 第3部分：薄膜和薄片的试验条件》（GB/T 1040.3—2006）进行。取不同季节、不同厚度和不同覆膜时间的地膜，制作纵向拉伸实验、横向拉伸实验、直角撕裂拉伸实验所需试样各 10 个，并做标记。试样要保证表面无可见破损，边缘光滑无飞边。A 型横纵向拉伸试样标准尺寸如图 1-1 所示，纵向和横向试样取宽为 20 mm、长为 150 mm、夹持中间部分两标线距离为 100 mm。

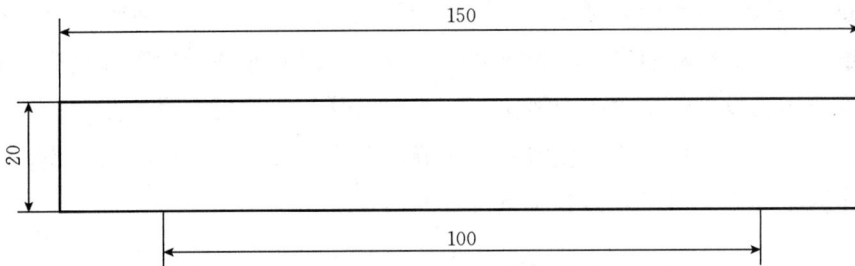

图 1-1　A 型横纵向拉伸试样标准尺寸

B 型横纵向拉伸试样标准尺寸如图 1-2 所示，纵向和横向试样取宽为 20 mm、长为 150 mm、夹持中间部分两标线距离为 60 mm。

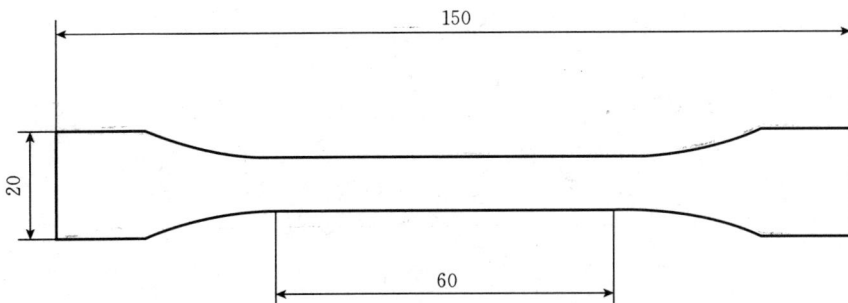

图 1-2　B 型横纵向拉伸试样

残膜直角撕裂拉伸试样如图 1-3 所示，直角撕裂试样形状取燕尾状，长度选取 100 mm。

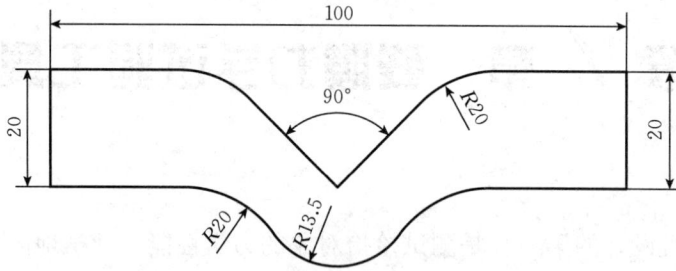

图 1-3　残膜直角撕裂拉伸试样

残膜在耕地中经过半年以上的风吹日晒，抗拉和抗撕裂性能变弱。同时，残膜与土壤及秸秆碎末掺杂在一起，造成取样困难、效率低，需耗费较多人力和物力。因此，设计 10 种针对不同工况的残膜取样装置。

1.1　双向倾角残膜直角撕裂试验取样器

双向倾角残膜直角撕裂试验取样器结构如图 1-4、图 1-5 所示，由圆盘式持耳、直角撕裂轮廓取样刀座、直角撕裂轮廓取样刀以及倾角指向箭头组成。圆盘式持耳一侧外边缘设置有倾角指向箭头，圆盘式持耳上侧设置有直角撕裂轮廓取样刀座，直角撕裂轮廓取样刀座上侧安装直角撕裂轮廓取样刀。双向倾角残膜直角撕裂试验取样器主要用于垄中间残膜腾空位置取样。

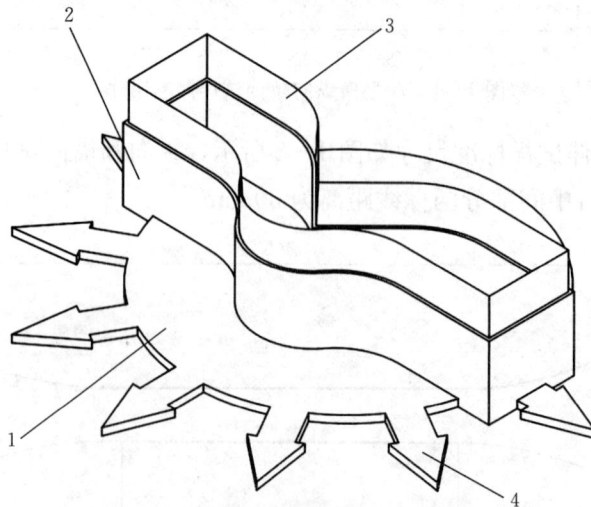

图 1-4　双向倾角残膜直角撕裂试验取样器结构

1. 圆盘式持耳　2. 直角撕裂轮廓取样刀座　3. 直角撕裂轮廓取样刀　4. 倾角指向箭头

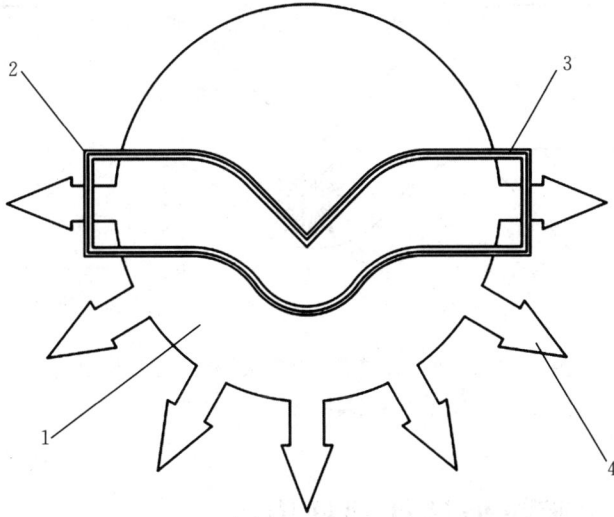

图 1-5　双向倾角残膜直角撕裂试验取样器俯视图

1. 圆盘式持耳　2. 直角撕裂轮廓取样刀座　3. 直角撕裂轮廓取样刀　4. 倾角指向箭头

1.2　多方向残膜直角撕裂试件制样模板

多方向残膜直角撕裂试件制样模板结构如图 1-6 所示，由残膜直角撕裂试件轮廓模板和指向凸起组成。如图 1-7 所示，残膜直角撕裂试件轮廓模板上侧设置有指向凸起，该装置用于实验室残膜直角撕裂试件制作。将从田地取回的试样去土、洗净并平铺在木板上，风干后，将多方向残膜直角撕裂试件制样模板根据指向凸起的方向按试验所需要的角度按压在试样上进行制样。

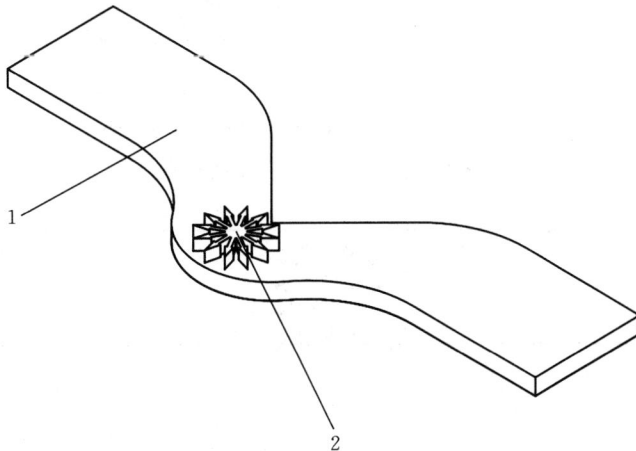

图 1-6　多方向残膜直角撕裂试件制样模板结构

1. 残膜直角撕裂试件轮廓模板　2. 指向凸起

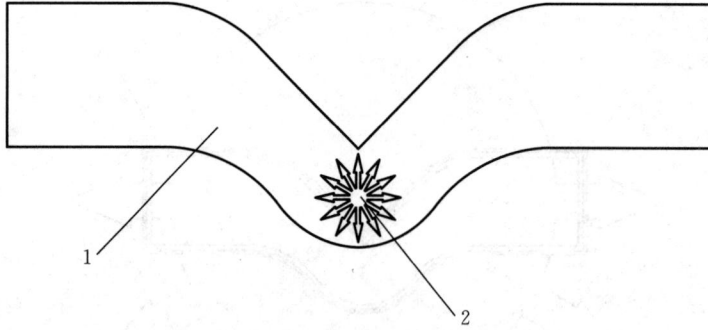

图 1-7　多方向残膜直角撕裂试件制样模板俯视图
1. 残膜直角撕裂试件轮廓模板　2. 指向凸起

1.3　多方向残膜拉伸试件制样模板

多方向残膜拉伸试件制样模板结构如图 1-8 所示，由残膜拉伸试件轮廓模板和指向凸起组成。如图 1-9 所示，残膜拉伸试件轮廓模板上侧设置有指向凸起。其使用方法与多方向残膜直角撕裂试件制样模板相似。

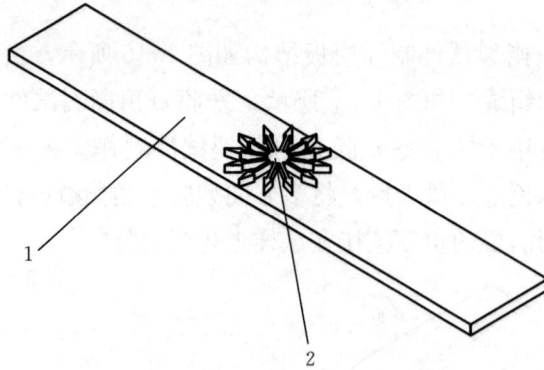

图 1-8　多方向残膜拉伸试件制样模板结构
1. 残膜拉伸试件轮廓模板　2. 指向凸起

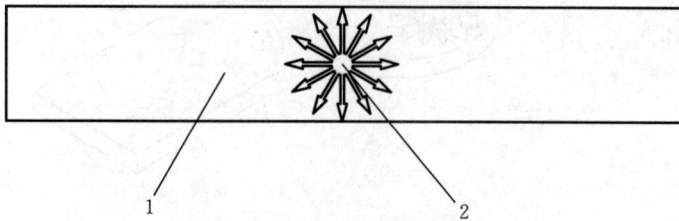

图 1-9　多方向残膜拉伸试件制样模板俯视图
1. 残膜拉伸试件轮廓模板　2. 指向凸起

1.4　凹槽残膜试验制样模板

凹槽残膜试验制样模板分为凹形直角撕裂试验制样模板和 B 型横纵向拉伸试验制样模板。如图 1-10 所示，凹形直角撕裂试验制样模板由方形底板、残膜直角撕裂试件轮廓凹槽和防滑凹槽组成。方形底板中部设置有残膜直角撕裂试件轮廓凹槽，方形底板下部设置有防滑凹槽。

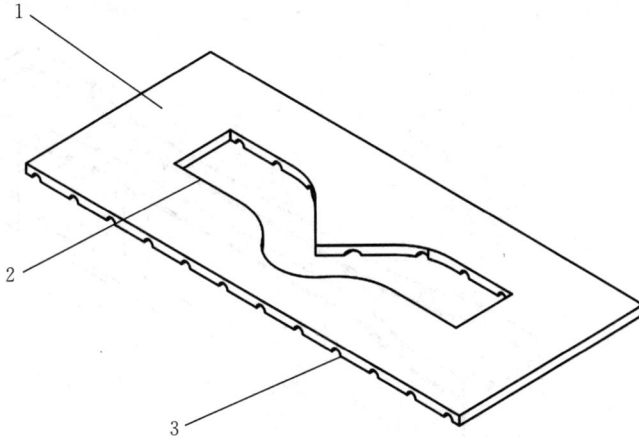

图 1-10　凹形直角撕裂试验制样模板结构
1. 方形底板　2. 残膜直角撕裂试件轮廓凹槽　3 防滑凹槽

如图 1-11 所示，B 型横纵向拉伸试验制样模板由方形底板、残膜拉伸试件轮廓凹槽和防滑凹槽组成。方形底板中部设置有残膜拉伸试件轮廓凹槽，方形底板下部设置有防滑凹槽。

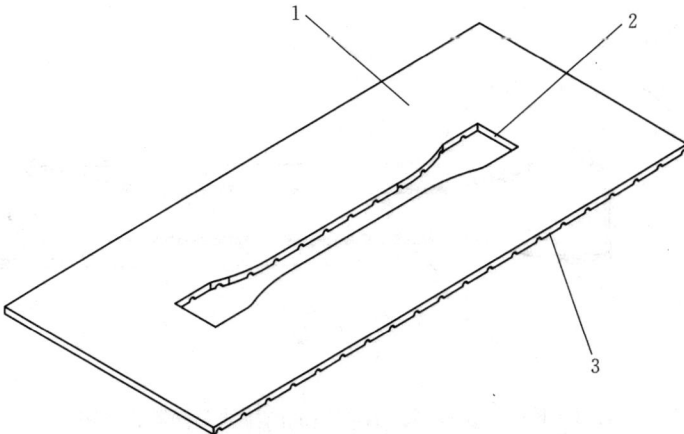

图 1-11　B 型横纵向拉伸试验制样模板结构
1. 方形底板　2. 残膜拉伸试件轮廓凹槽　3 防滑凹槽

1.5 一次成型式 A 型横纵向拉伸采样器

如图1-12所示，一次成型式 A 型横纵向拉伸采样器由"由"字形持耳、取样刀刃及试件轮廓采样体组成。如图 1-13 所示，"由"字形持耳上侧设置有试件轮廓采样体，试件轮廓采样体上侧设置有取样刀刃。此装置用于残膜取样，可以大幅度提高残膜取样的效率和完整度。

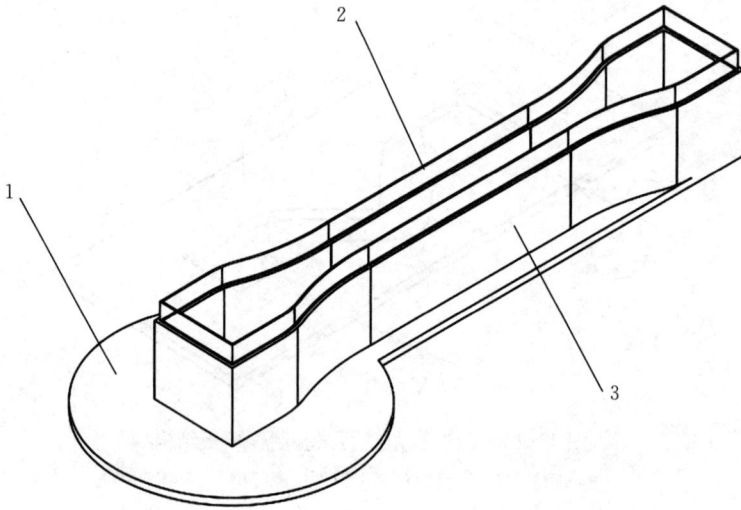

图 1-12 一次成型式 A 型横纵向拉伸采样器结构

1."由"字形持耳 2. 取样刀刃 3. 试件轮廓采样体

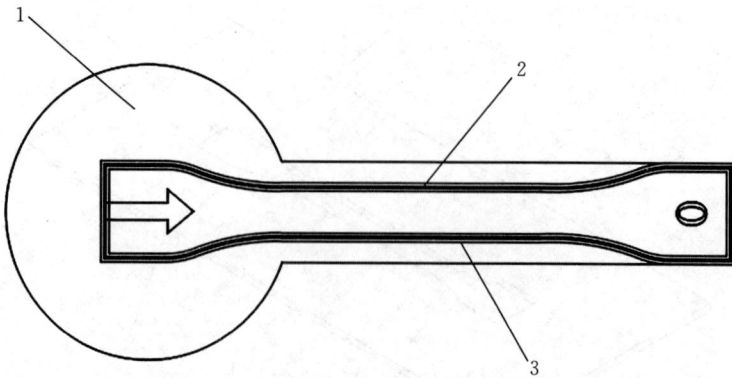

图 1-13 一次成型式 A 型横纵向拉伸采样器俯视图

1."由"字形持耳 2. 取样刀刃 3. 试件轮廓采样体

1.6　带 90°倾角指向的 B 型横纵向拉伸采样器

如图 1-14 所示，带 90°倾角指向的 B 型横纵向拉伸采样器由圆盘式持耳、倾角指向箭齿、取样刀座及取样刀组成。如图 1-15 所示，圆盘式持耳一侧设置有倾角指向箭齿，圆盘式持耳上侧安装取样刀座，取样刀座上侧安装取样刀。在现场取样时，带 90°倾角指向的 B 型横纵向拉伸采样器可直接确定残膜试样与垄向的夹角，有助于试验中更全面地确定残膜试样的力学性能。

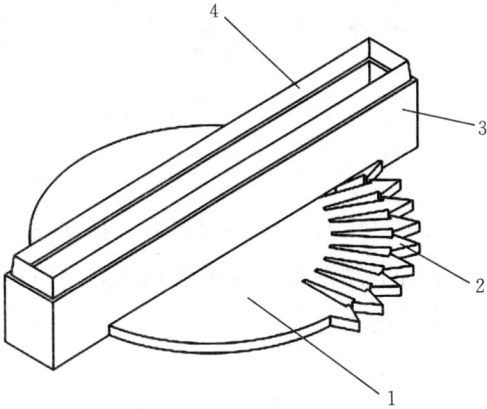

图 1-14　带 90°倾角指向的 B 型横纵
向拉伸采样器结构
1. 圆盘式持耳　2. 倾角指向箭齿
3. 取样刀座　4. 取样刀

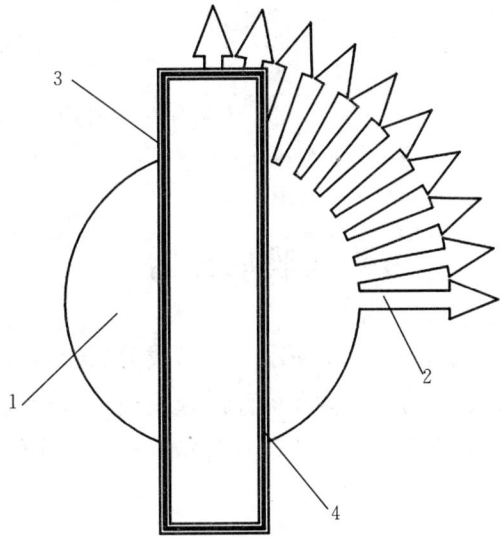

图 1-15　带 90°倾角指向的 B 型横纵
向拉伸采样器俯视图
1. 圆盘式持耳　2. 倾角指向箭齿
3. 取样刀座　4. 取样刀

1.7　双向倾角 B 型横纵向拉伸取样器

如图 1-16 所示，双向倾角 B 型横纵向拉伸取样器由左倾角指向箭头、取样刀、取样刀座、右倾角指向箭头以及圆盘式持耳组成。圆盘式持耳左侧设置有左倾角指向箭头，圆盘式持耳右侧设置有右倾角指向箭头，圆盘式持耳上侧安装取样刀座，取样刀座上侧安装取样刀。其工作原理与带 90°倾角指向的 B 型横纵向拉伸采样器类似，但在实际采样过程中，双向倾角设计能够应对不同地况，有效地提高了采样效率。

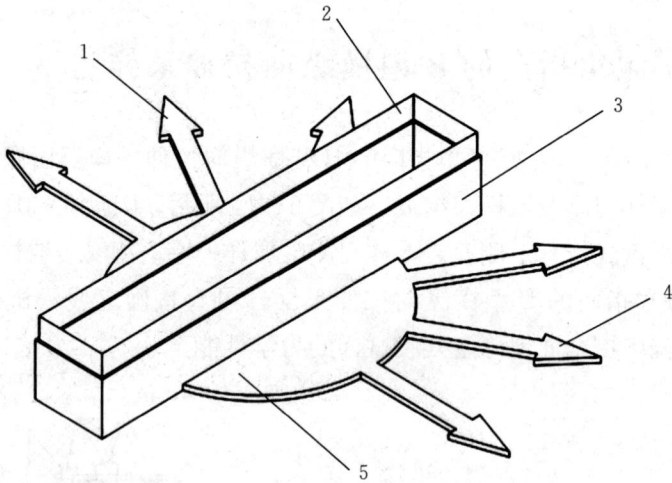

图 1-16　双向倾角 B 型横纵向拉伸取样器结构

1. 左倾角指向箭头　2. 取样刀　3. 取样刀座　4. 右倾角指向箭头　5. 圆盘式持耳

1.8　方形残膜取样器

如图 1-17 所示，方形残膜取样器由方形残膜收集盒、梯形切割刃、指向透气孔、手持耳、倾角标注凸起组成。方形残膜收集盒上侧设置有梯形切割刃，外侧设置有手持耳，底部设置有指向透气孔和倾角标注凸起。

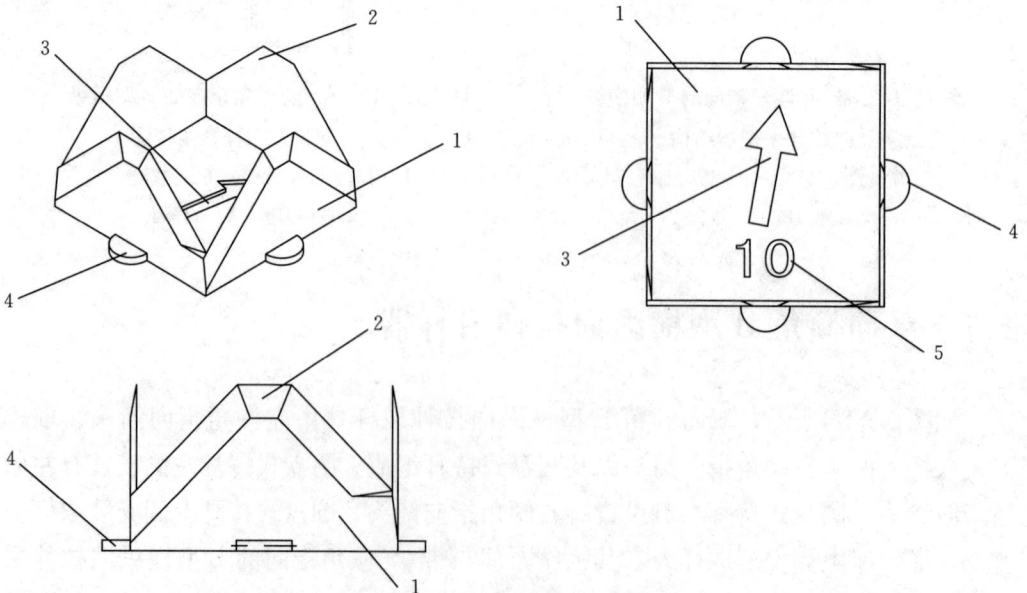

图 1-17　方形残膜取样器结构

1. 方形残膜收集盒　2. 梯形切割刃　3. 指向透气孔　4. 手持耳　5. 倾角标注凸起

1.9　残膜取样辅助取样板

如图 1-18 所示，残膜取样辅助取样板由手持板、直线切断刀和直角切断刀组成。手持板一侧安装直线切断刀，另一侧安装直角切断刀。此装置可切断直线连接部分，也可以切断直角连接部分，满足了残膜辅助取样的功能需求。

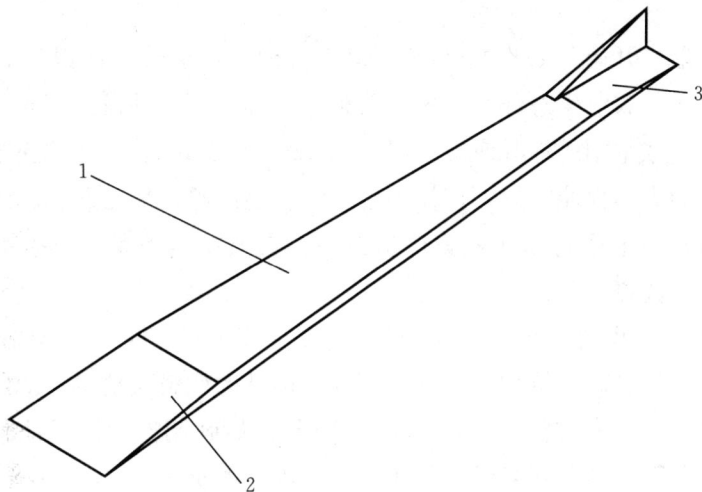

图 1-18　残膜取样辅助取样板结构

1. 手持板　2. 直线切断刀　3. 直角切断刀

第2章 卷膜式残膜捡拾机构

欧美国家最先开始对农作物使用地膜覆盖种植，也最先认识到残膜的污染问题。各国为保护其农业生态环境，根据耕种工艺和自然条件设计了多种多样的残膜捡拾机。欧美国家采用的地膜厚度一般为 0.02～0.08 mm，并在地膜中加入了抗老化剂，其地膜的力学性能较好，抗拉强度大，不易破碎，易于回收。因此，欧美国家的残膜捡拾机多采用卷膜式残膜捡拾机，其具有结构简单、捡拾率高、故障率低、卸膜方便等优点。

2015 年以前，我国大范围使用的地膜都是厚度为 0.008～0.010 mm 的薄地膜。薄地膜易老化、易破碎、抗拉强度低。因此，国外的残膜捡拾机不适用于我国的农艺要求。新疆质量技术监督局规定，从 2015 年开始强制性使用厚地膜。新修订的农用地面覆盖薄膜相关标准指出，将以 2010 年地方标准最小公称厚度 0.010 mm 代替 1992 年国家标准 0.008 mm 最小公称厚度。2017 年 10 月，农膜生产和使用新标准《聚乙烯吹塑农用地面覆盖薄膜》（GB 13735—2017）发布，该标准从 2018 年 5 月 1 日起正式实施，强制性要求使用厚度大于或等于 0.010 mm 的地膜。厚地膜回收期相对完整，具有良好的抗拉性，不仅便于回收，而且回收后的旧膜可实现再利用。

卷膜式残膜捡拾机是人类设计的第一款残膜捡拾机。据文献记录，第一款残膜捡拾机是由美国人索耶于 1993 年设计的，该捡拾机先利用松土机构将压膜土耕松，使膜、土分离，并用卷膜辊将连续且相对完整的地膜缠绕在轴辊上实现卷拾回收。与此同时，通过液压马达驱动装置控制，实现卷膜辊卷膜速度与机具前进速度相适应。在作业过程中，卷膜辊线速度与回收机工作速度相近，避免了残膜被拉断或捡拾不净等问题[1-2]。

1997 年，美国人布鲁克斯研制出一种地膜回收与压缩打包装置。该装置的起膜铲将地膜起出后，利用机械抖动装置将残膜与土壤分离，随后利用压缩打包装置将地膜压缩成型以便运输。1998 年，美国路易斯安那州州立大学的帕里什和张进疆设计了一种通过控制液压马达转速的地膜回收装置，实现卷膜辊的卷膜速度与回收机作业速度相适应。2012 年，澳大利亚人罗卡设计了针对不同作业幅宽的地膜回收机，机具采用链式输送装置将残膜输送到回收机具的卷膜部件上，并在输送过程中将地膜表面泥土抖落，实现膜、土分离，最终达到高效回收地膜的效果[3-4]。

世界上其他国家（如英国和俄罗斯）采用悬挂式收膜机。工作时，压膜土被耕松铲起，由人工将残膜收卷到羊皮网或金属网上。法国研制的收膜机具多采用卷筒回收方式，起膜铲在耕松土壤的同时起出地膜，人工将地膜缠在卷膜筒上，由地轮带动卷膜筒回转收膜；以色列的残膜回收机采用收卷式，通过控制液压马达转速来控制收膜部件的转速，从而实现卷膜线速度与机具作业速度相适应[5-7]。

虽然我国目前强推厚度在 0.010 mm 以上地膜的使用，但仍然有很大部分的农民在使用较薄的地膜。因此，针对薄地膜的卷收式回收机具多用于苗期揭膜。揭膜时，地膜使用时间短、地膜相对完整，其力学性能满足卷拾回收的条件。此类机具设计基本上采用先起膜、后卷膜的工作方法，地膜起出后，经输送装置送至卷膜机构，由传动装置传递动力至卷膜轴辊实现卷膜。这种机型结构简单、工作性能可靠、伤苗率低、收膜率和生产效率较高，地膜收净率达 85% 以上。常见的代表机具如下。

新疆农业大学研制的滚扎复合式残膜回收机。该机型主要由卷膜机构、机架、集膜箱、刮板式卸膜机构、搂膜弹齿组、限深轮、扎膜滚筒、换向机构、切膜圆盘、边膜铲和传动系统组成。作业时，滚扎复合式残膜回收机依靠拖拉机提供行进动力，切膜圆盘将边膜与地表膜分开，通过接触挤压，边膜铲将板结土壤破碎，同时将边膜起出；由卷膜机构将边膜收卷，后部的拾膜滚筒将中间的地表膜扎起，拾膜钉齿将没有被拾膜滚筒扎起的残膜通过搂膜弹齿组的作用再次扎起，被扎起的残膜经过卸膜机构卸进集膜箱，完成残膜回收。

西北农林科技大学设计的残膜卷拾机。其整机由牵引架、起膜铲、卷膜辊、导膜辊、毛刷辊、传动链条和地轮等组成。该机型的行走方式为悬挂式，作业时，先将一部分地膜经起膜铲、导膜辊、压膜辊、毛刷辊缠绕在集膜辊上，再由拖拉机带动；起膜铲起出地膜，随后地膜经导膜辊继续向上输送，到达毛刷辊与压膜辊，杂余被梳刷干净。卷膜的实现过程：通过地轮滚动带动传动链条运动，从而带动中间齿轮，中间齿轮带动主动摩擦轮转动，主动摩擦轮带动被动摩擦轮，最终带动卷膜纸辊转动实现卷膜。在作业过程中，三爪卡盘不断转动，三爪卡盘中的行星轮使三爪卡盘不断增大，则三爪卡盘对卷膜纸辊的卡紧力不断增大。卸膜时，反向转动三爪卡盘并向外拉，待三爪卡盘缩小后，卸下卷膜纸辊。在机具前进速度为 2 km/h 时，机具残膜拾净率为 92%，且作业性能较稳定。

湖南农业大学设计的蔬菜地膜回收机[8]。其结构按功能分为松膜装置、起膜装置、卷膜装置和搂膜装置 4 个部分。在田间作业时，地膜回收机前进，先将鼓膜直杆置于地膜和地面之间，通过松膜轴反向旋转运动，可使鼓膜直杆绕松膜轴的转动轴线转动向上鼓动地膜，使地膜与地面分离。鼓膜直杆旋转运动带动地膜向后方的起膜装置运动，保证地膜能够顺利地被起膜装置向上提升。起膜铲通过螺栓固定在机架上，其在仿地形的同时，在压缩弹簧的帮助下，将塑料薄膜铲起，塑料薄膜沿着起膜铲结构形状运动至卷膜辊下，扎膜齿挑起塑料薄膜使其随卷膜辊旋转，塑料薄膜一点点地缠绕在卷膜辊上。固定于机架上的耙式耙齿可以对起膜、卷膜作业完成后的塑料薄膜进行再回收。当卷膜辊上缠满塑料薄膜时，使用美工刀沿卷膜辊上轴向划槽切割，将薄膜人工取下。该蔬菜地膜回收机满足南方种植区的作业条件，对作物播前或收获后土地表层的滞留塑料薄膜回收，不同面积的碎膜回收率均达到80％以上，在一定程度上提高了小块状碎膜捡拾率。该机型可有效清理膜上的两边覆土，在保证地膜完整性的同时，方便后面部件的起膜工作。该机型具有操作简单、安全方便、工作效率高和不易堵塞等优点。

石河子大学设计的揭膜式残膜回收机[9]。该机型包括机架、设置在机架上的相互啮合并挤压的地轮以及中间传动轮，中间传动轮与机架底部的卷膜辊紧贴设置，回收机还包括设置在机架底部的地膜铲。其工作原理简单，不需要额外的动力系统提供动力，挂到拖拉机后，由拖拉机拖动地轮转动，从而带动其他两辊工作。由于对辊挤压时，各轴辊保持相同的线速度，卷膜辊轴径较小，因此角速度较大，转速较高，残膜在摩擦力的作用下被迅速地卷到卷膜辊上。由于弹簧的拉力，卷膜辊紧贴着中间传动轮，随着卷膜厚度的增加，两辊挤压点在弹簧拉力的作用下逐渐上升，达到一定高度，人工自行换上新辊，继续作业。该机型残膜拾净率高达96.8％，对土壤环境的保护有显著效果。

甘肃省农业机械鉴定站参与研制的两级升运链卷轴式残膜捡拾机[10]。该机型主要由起膜铲、防缠滚筒、升运链、减速箱、卷轴总成、膜杂箱总成等组成。该机型由拖拉机动力输出轴将动力传送至减速箱，经过传动链将动力分别传送到防缠滚筒、升运链和卷轴总成。田间作业时，拖拉机牵引机具向前运动，起膜铲将土壤、残膜和作物根茬铲起输送到一级升运链，一级升运链在输送过程中进行残膜和土壤分离，二级升运链将残膜输送到卷轴总成进行膜与作物根茬、杂草分离，卷轴转动缠绕残膜，作物根茬、杂草落入膜杂箱，到地头卸下卷轴上缠绕的残膜和膜杂箱里的作物根茬、杂草，完成整个作业过程。田间试验表明，表层拾净率为96％，深层拾净率为93％，缠膜率为0.2％，作业性能指标满足国家标准的要求。

东北农业大学设计的JM-1400型卷绕式拾膜机[11]。该机型适用于大垄双行地膜覆盖栽培作物收获后的残膜捡拾。拾膜机工作宽幅为1 400 mm，两侧装有直径为1 200 mm的集膜轮，与垄向成一定的角度，每个集膜轮上有挑膜齿。前部有切膜盘，切膜盘工作时，入土深度为80～100 mm。两侧各有一把起膜铲，用于松翻压膜土。中部装有一把推膜铲与两把起茬松土刀，起茬松土刀安装在垄行两侧。作业时，由拖拉机牵引，切膜盘顺垄将地膜从中间切开，起膜铲松翻地膜两侧的压膜土，推膜铲把被切膜盘从中切开的地膜推向集膜轮。由于集膜轮与垄向成一定的角度，轮上的挑膜齿运动轨迹为空间余摆线。挑膜齿的工作过程可分为入土、扎膜、挑膜、脱膜和收膜，残膜最终被送入卷膜辊，收集到接膜架上。卸膜时，取下后面连接机架的销钉，一侧的集膜轮可绕铰链旋转，从而由人工将收集的残膜卸下。JM-1400 型卷绕式拾膜机不仅能够在地膜的垂直方向上进行挑膜，而且可在地膜的水平方向上进行往复运动，从而能够实现"搂耙"的动作，减少了对地膜的破坏。整机结构简单、制作成本低、操作简单且易于维护，具有良好的市场推广前景。

甘肃畜牧工程职业技术学院参与研制的高效残膜捡拾回收机[12]。该机型主要由挑膜起膜机构、挂膜输送机构、卷膜卸膜机构三大机构组成。其中，挑膜起膜机构包括挑膜齿、挑膜架、挑膜板、起膜架、起膜定盘、起膜动盘等；挂膜输送机构包括输膜传动链、传动链轮、传动齿杆等；卷膜卸膜机构包括卷膜辊等。高效残膜捡拾回收机采用反转式起膜挑膜机构，模拟了人工使用钉齿耙勾、拉的动作，效率更高。人工使用钉齿耙勾、拉时，动作的方向是相反的，高效残膜捡拾回收机正好借用了人工的作业过程。具体的捡拾过程：动力拖拉机带动机具不断向前运动，反转式挑膜起膜机构进行反转时将挑膜齿插入土壤，挑起埋藏于土壤中的农田残膜。由于挑膜齿的齿尖是尖锐的，能够将部分残膜挂起，并带动或拔起了另一部分的残膜，并裸露于地表。随着反转式挑膜机构的不断挑膜，持续保持了残膜的捡拾过程。捡拾起的残膜输送至输送带，输送带上装有小钉齿，能够确保挂住残膜，并随着输送带的输送，将残膜上的土壤抖落，仅将剩余残膜输送至卷膜辊上，待卷膜辊卷入一定的残膜时，停机并将缠绕在卷膜辊上的残膜进行分离去除。由于卷膜辊为锥形，并加装液压脱膜机构，因此很轻松就可以脱离。至此完成一个作业流程，如此往复进行捡拾残膜作业。该机型一次性捡拾率在 90% 以上，捡拾效果显著。

海南大学机电工程学院和石河子大学机械电气工程学院为解决现有残膜回收机集膜装置在集膜和卸膜过程中残膜质地松散、作业效率低等问题，设计了一种带式卷膜装置。其主要由机架、卷膜带、卷膜滚筒、卷膜辊装置、翻转液压系统、地轮和传动系统等组成。其中，地轮布置在卷膜装置下部，与土壤接触并为装置提供动力。卷膜带为闭环的柔性带，在卷膜滚筒及卷膜辊装置的支撑下呈 L 形。卷膜辊装置主要由卷膜芯轴、连接臂、卸膜油缸及导向轴组成，是自动卸膜的核心部件。卷膜芯轴分左、右两个部分，每个卷膜芯轴与对应侧连接臂可随卸膜油缸活塞的伸缩而分离或连接。卷膜辊装置通过两侧布置的安装销轴与机架连接，卷膜辊装置整体可绕安装销轴转动。卸膜油缸及导向轴安装在闭环的卷膜带内部，卷膜芯轴布置在卷膜带 L 形的拐角处。残膜回收作业时，残膜缠绕在卷膜芯轴上。卷膜装置的动力来自地轮，随机具前进地轮受到土壤摩擦力的作用而转动，通过传动系统带动卷膜芯轴运动将残膜缠绕在卷膜芯轴上，实现卷膜作业。卷膜装置安装在残膜回收机机架上，当拖拉机牵引机具作业时，地轮转动，地轮外侧链带动变速箱中齿轮转动，动力经变速箱传递至中间卷膜滚筒，并在其左侧链传动的作用下，进一步带动上部卷膜滚筒转动，中间卷膜滚筒和上部卷膜滚筒共同将动力传递至卷膜带。同时，在摩擦力的作用下，动力由卷膜带传递给卷膜芯轴[13]。

卷膜式残膜捡拾机构对厚地膜卷拾回收有利于提高回收效率，为地膜的再次利用提供便利，具有较好的经济效益。

2.1　铲土卷膜式收膜机构

如图 2-1 所示，铲土卷膜式收膜机构由花键式卷膜辊、机架、弧形导膜板、地膜铲、牵引安装孔及支撑轮组成。

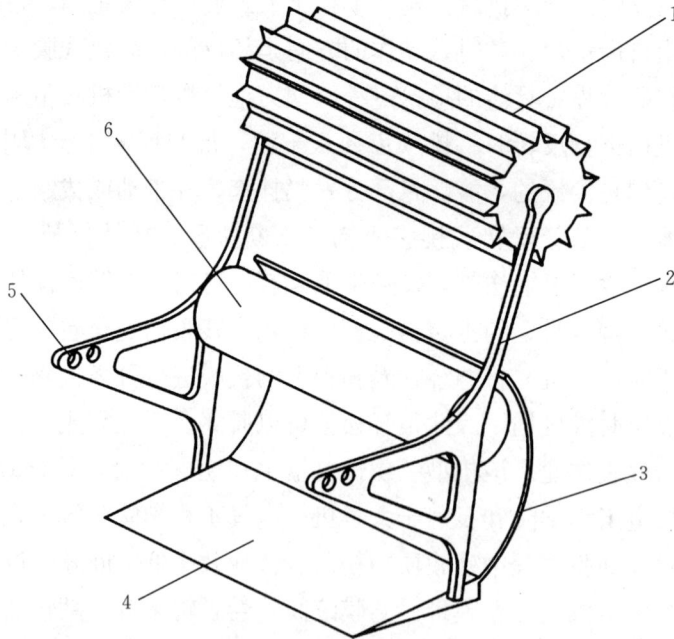

图 2-1　铲土卷膜式收膜机构

1. 花键式卷膜辊　2. 机架　3. 弧形导膜板　4. 地膜铲　5. 牵引安装孔　6. 支撑轮

铲土卷膜式收膜机构的机架上部安装花键式卷膜辊，机架中部安装支撑轮，机架前部设置有牵引安装孔，机架下部安装地膜铲，地膜铲尾部安装有弧形导膜板。在工作过程中，首先人工拉起一块地膜缠绕在花键式卷膜辊上，然后由牵引装备带动铲土卷膜式收膜机构前行，地膜铲将残膜、秸秆和土块铲起，经弧形导膜板后，地膜与杂质分离，经支撑轮后缠绕在花键式卷膜辊上。花键式卷膜辊通过传动装置与牵引装备的速度同步，从而实现残膜卷拾。

2.2　纺锤式抬膜卷膜机构

如图 2-2 所示，纺锤式抬膜卷膜机构由机架、纺锤形抬膜辊、凹形支撑辊及圆柱形卷膜辊组成。

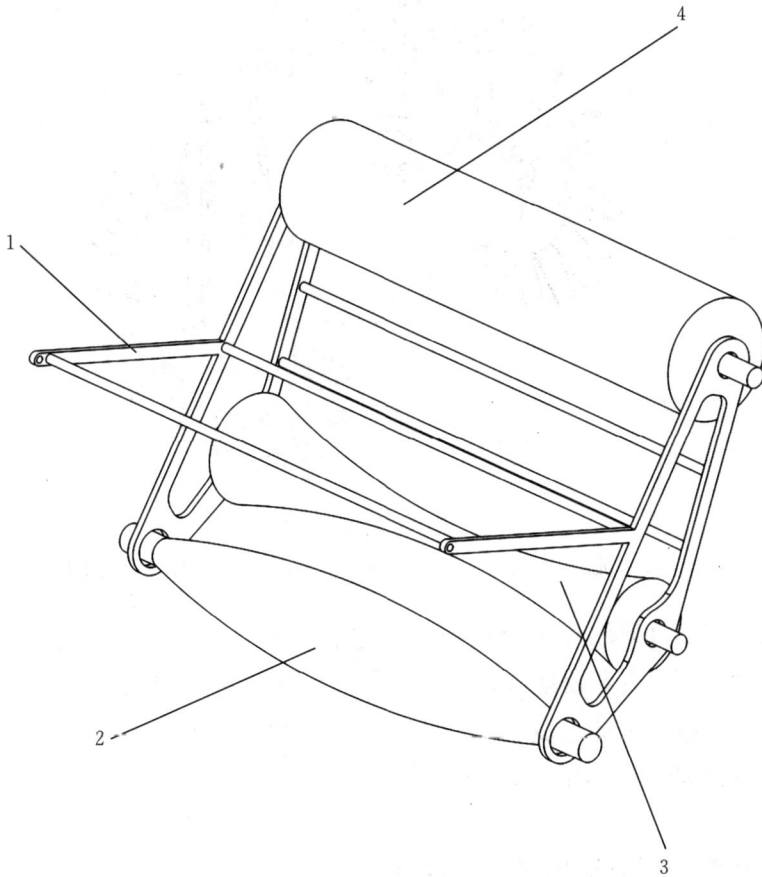

图 2-2　纺锤式抬膜卷膜机构
1. 机架　2. 纺锤形抬膜辊　3. 凹形支撑辊　4. 圆柱形卷膜辊

纺锤式抬膜卷膜机构的机架前下部安装纺锤形抬膜辊，机架中部安装凹形支撑辊，机架上部安装圆柱形卷膜辊。纺锤式抬膜卷膜机构的工作原理与铲土卷膜式收膜机构类似，采用了纺锤形抬膜辊和凹形支撑辊更有利于残膜与秸秆碎末等杂质分离，降低了卷拾过程中卷膜辊对残膜的拉力，使残膜卷拾的过程更加连续，有效减少了人工干预卷膜的操作，提高了残膜卷拾效率。

2.3　残膜卷拾机同步轮机构

如图 2-3 所示，残膜卷拾机同步轮机构由"从"字形机架、防滑驱动轮、反转带轮、从动齿轮及驱动齿轮组成。

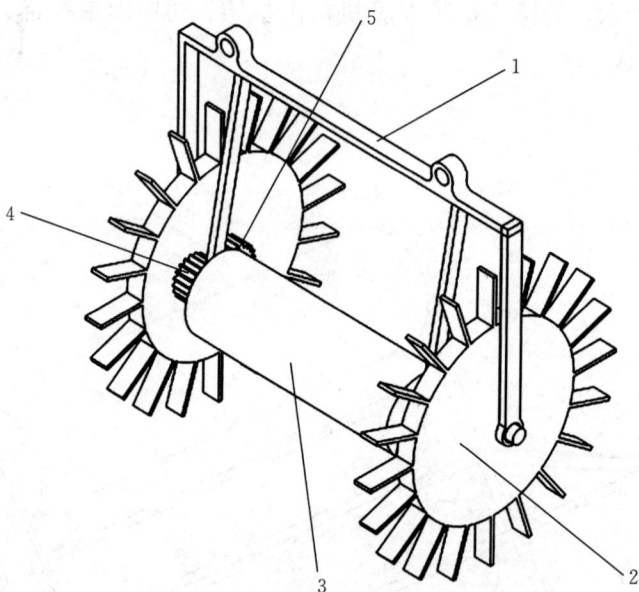

图 2-3　残膜卷拾机同步轮机构
1. "从"字形机架　2. 防滑驱动轮　3. 反转带轮　4. 从动齿轮　5. 驱动齿轮

在"从"字形机架的前侧安装防滑驱动轮，"从"字形机架的后侧安装反转带轮，防滑驱动轮两侧安装驱动齿轮，反转带轮两侧安装从动齿轮，从动齿轮与驱动齿轮啮合，实现防滑驱动轮驱动反转带轮逆向旋转。后续通过链传动连接卷膜机构，实现卷膜辊与牵引装备速度同步。

2.4　残膜卷拾机前置碾式碎土器

如图 2-4、图 2-5 所示，残膜卷拾机前置碾式碎土器由连接支架、隔离片、碎土碾、中心轴、固定螺栓组成。

残膜卷拾机前置碾式碎土器中心轴的两侧设置有连接支架，连接支架两端的内侧安装有固定螺栓，中心轴中间均匀设置了碎土碾，碎土碾之间设置有隔离片。此装置用于残膜卷拾机的前端碎土，减少卷拾过程中残膜受到的拉力，增加卷拾残膜的完整度，提高残膜的回收效率。

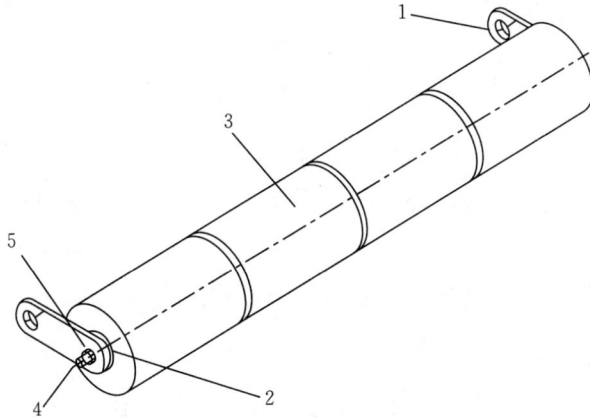

图 2-4　残膜卷拾机前置碾式碎土器斜视图

1. 连接支架　2. 隔离片　3. 碎土碾　4. 中心轴　5. 固定螺栓

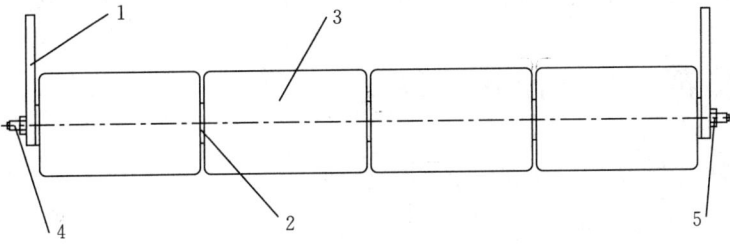

图 2-5　残膜卷拾机前置碾式碎土器正视图

1. 连接支架　2. 隔离片　3. 碎土碾　4. 中心轴　5. 固定螺栓

2.5　残膜卷拾机碎土滚

如图 2-6 和图 2-7 所示，残膜卷拾机碎土滚由连接支架、隔离片、碎土滚、中心轴、固定螺栓组成。

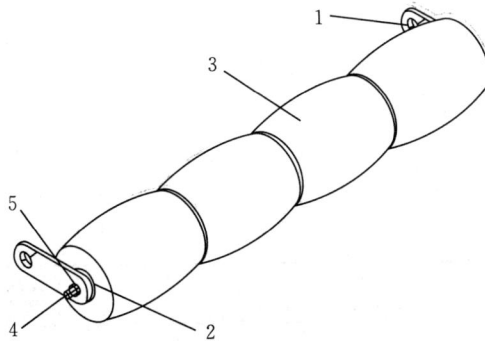

图 2-6　残膜卷拾机碎土滚斜视图

1. 连接支架　2. 隔离片　3. 碎土滚　4. 中心轴　5. 固定螺栓

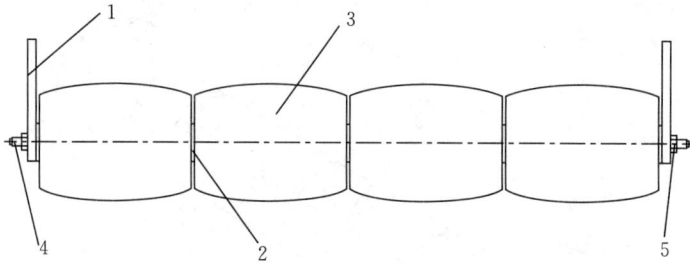

图2-7 残膜卷拾机碎土滚正视图

1. 连接支架　2. 隔离片　3. 碎土滚　4. 中心轴　5. 固定螺栓

残膜卷拾机碎土滚的中心轴两侧设置有连接支架，两端连接支架的内侧安装有固定螺栓，中心轴的中间均匀设置有碎土滚，碎土滚之间设置有隔离片。其工作原理和作用与残膜卷拾机前置碾式碎土器相同，但碎土效果更佳。与残膜卷拾机前置碾式碎土器相比，该机构的缺点是结构复杂、制造难度增加、造价相对较高。

2.6　残膜卷拾机地面随动装置

如图2-8至图2-11所示，残膜卷拾机地面随动装置由L形主架、三角轮、行走底盘连接架和捡拾部件连接架组成。

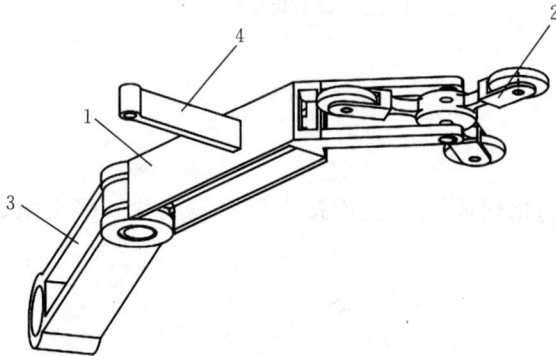

图2-8 残膜卷拾机地面随动装置斜视图

1. L形主架　2. 三角轮

3. 行走底盘连接架　4. 捡拾部件连接架

图2-9 残膜卷拾机地面随动装置前视图

1. L形主架　2. 三角轮

3. 行走底盘连接架　4. 捡拾部件连接架

图2-10 残膜卷拾机地面随动装置俯视图

1. L形主架　2. 三角轮　3. 行走底盘连接架　4. 捡拾部件连接架

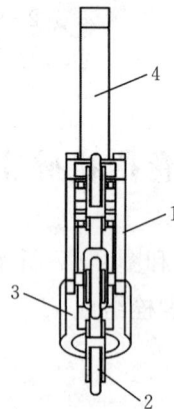

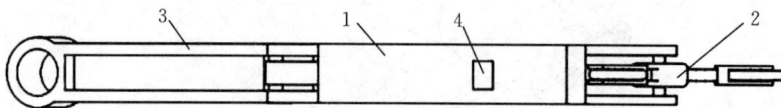

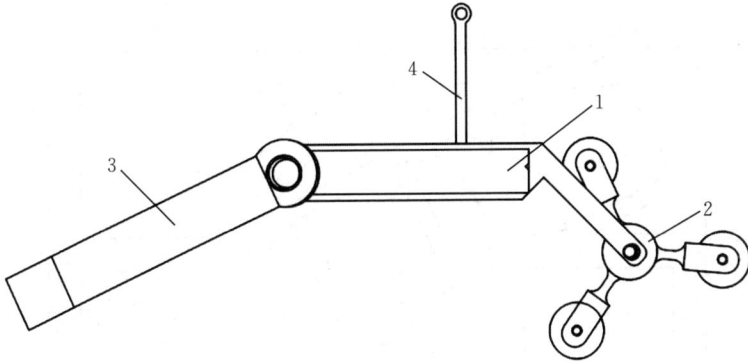

图 2-11 残膜卷拾机地面随动装置侧视图

1.L 形主架 2.三角轮 3.行走底盘连接架 4.捡拾部件连接架

在残膜卷拾机地面随动装置中，L 形主架的前端安装三角轮，L 形主架的后侧安装行走底盘连接架，L 形主架背部安装捡拾部件连接架。该装置结构紧凑、造价经济、构造简单、维修方便，此装置有助于实现凹凸地面残膜卷拾机随地形来调整高度，满足残膜卷拾的功能需求。

2.7 残膜卷拾机"工"字形调向机构

如图 2-12 至图 2-15 所示，残膜卷拾机"工"字形调向机构由机架、"工"字形旋转架、旋转驱动液压缸、支撑旋转轮及圆形旋转轮轨道凹槽组成。

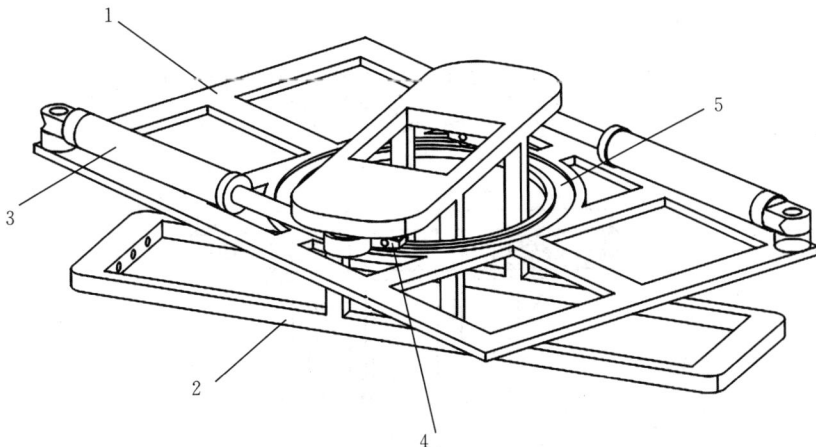

图 2-12 残膜卷拾机"工"字形调向机构斜视图

1.机架 2."工"字形旋转架 3.旋转驱动液压缸 4.支撑旋转轮 5.圆形旋转轮轨道凹槽

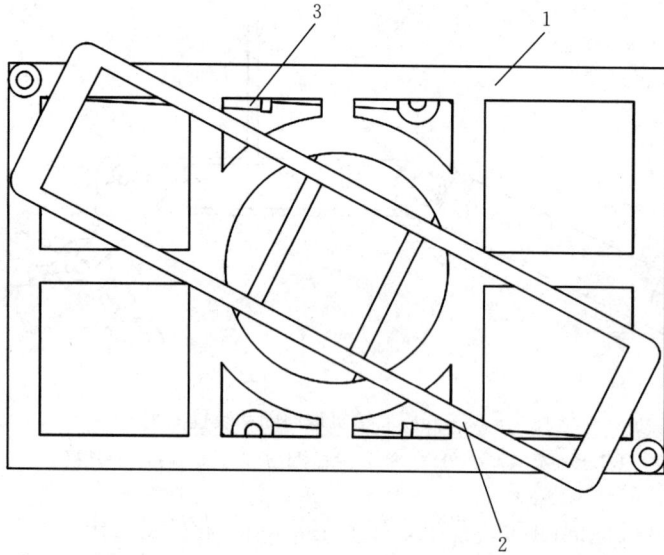

图 2-13　残膜卷拾机"工"字形调向机构俯视图

1. 机架　2. "工"字形旋转架　3. 旋转驱动液压缸

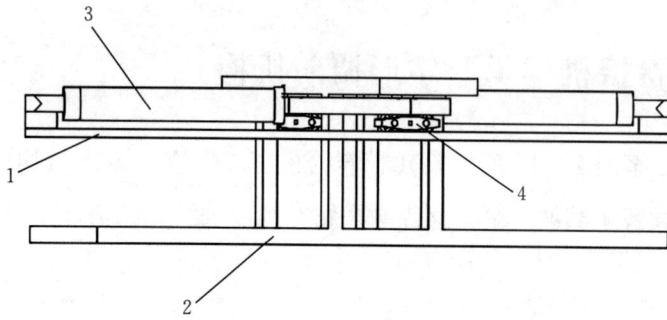

图 2-14　残膜卷拾机"工"字形调向机构前视图

1. 机架　2. "工"字形旋转架　3. 旋转驱动液压缸　4. 支撑旋转轮

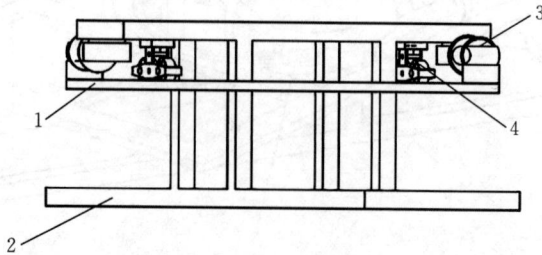

图 2-15　残膜卷拾机"工"字形调向机构侧视图

1. 机架　2. "工"字形旋转架　3. 旋转驱动液压缸　4. 支撑旋转轮

残膜卷拾机 "工" 字形调向机构在机架中间部位设置圆形旋转轮轨道凹槽，圆形旋转轮轨道凹槽内部安装支撑旋转轮，支撑旋转轮安装在 "工" 字形旋转架上板的下部，旋转驱动液压缸一侧安装在机架上，旋转驱动液压缸另一侧安装在支撑旋转轮外侧。此装置是残膜捡拾机的重要组成部分，满足了残膜捡拾机构调向的功能需求。

【本章参考文献】

［1］Parry J R. Farm machine for removing protective ground covers from a cultivated field：US，US3687392［P］. 1972.

［2］Chrysler R W. Apparatus for removing plastic film from raised plant beds：US，US4796711［P］. 1989.

［3］Sawyer A G，Roberson R L. Plastic sheet take-up implement：US，US5236051［P］. 1993.

［4］Lavo G. Machine for removing wide strips laid out on the ground：US，US5386876［P］. 1995.

［5］Brooks T W. Apparatus for recycling previously used agricultural plastic film much：US，US54535224［P］. 1997.

［6］Parish R L. An automated machine for removal plastic mulch［J］. Transactions of ASAE. 1998，42（1）：49－51.

［7］Wittwer S H. World-wide use of plastics in horticultural production［J］. Hort Technology，1993，3（1）：6－19.

［8］李岑，张智优，全腊珍，等. 蔬菜地膜回收机的设计与试验研究［J］. 时代农机，2018，45（6）：203－204，217.

［9］李俊虹，姚强强，罗昕，等. 揭膜式残膜回收机的设计研究［J］. 农机化研究，2017（11）：112－115.

［10］程兴田，赵建托，潘卫云，等. 两级升运链卷轴式残膜捡拾机的设计与试验［J］. 中国农机化学报，2016，37（4）：31－34.

［11］冯江，孙伟，尹金东. JM－1400 型卷绕式拾膜机的试验研究［J］. 农机化研究，2012（10）：143－147.

［12］杨正，王祎才，席爱学，等. 高效残膜捡拾回收机的设计与试验［J］. 机械研究与应用，2022，35（3）：85－91.

［13］杨松梅，陈学庚，颜利民，等. 残膜回收机带式卷膜装置设计与试验［J］. 农业机械学报，2021，52（2）：135－143.

第3章 机械钩挂式残膜捡拾机

机械钩挂式残膜捡拾机主要有筒筛式、搂耙式、伸缩杆式、夹持式、弹齿式、链齿式、振动筛式 7 类主要机型。

1. 筒筛式残膜捡拾机 中国农业机械化科学研究院参与研制的 1FMJSC‑80 型农田残膜捡拾机[1]。该机型是为了解决农村玉米、高粱等农作物收割后留在地里的茬子问题，尤其是覆膜地残留的塑料薄膜，通过翻地、旋耕无法彻底打碎和清除，对耕地造成污染，影响农作物生产。该机型由调节地轮、圆形割刀、输送钢辊、输送链、松土犁铧、旋转筛、收集筐及传动装置组成。1FMJSC‑80 型农田残膜捡拾机通过拖拉机的牵引力和后输出动力来完成起茬—除膜—输送—净土—收集—堆放等工作流程。具体工作过程：农田残膜捡拾机最前端的两副刀口相对的圆形割刀将农作物茬子从地面以下 15 cm 左右割出，同时将塑料残膜挑起；利用机具前进的惯力，通过焊接在割刀后面的输送钢辊，将残膜堆放在输送链上，割刀的入地深度可以通过调整前后两端的调节地轮高度来完成；然后，割掉的农作物茬子、挑起的塑料残膜及附着其上的泥土，通过输送链被传送到旋转筛中进行净土，茬子及塑料残膜滚落到收集筐，输送链的传动和旋转筛的旋转动力由拖拉机的后输出供给；当残膜达到一定量时，通过连接在驾驶员驾驶部位及收集筐间的传动装置将筐翻转，把茬子和残膜堆放在地面上。当土地较硬时，可以通过焊接在输送链和旋转筛中间横梁上的松土犁铧对土壤进行松土，从而达到直接播种的效果。田间试验结果表明，1FMJSC‑80 型农田残膜捡拾机的捡拾率为 88.8%～90.1%。

2. 搂耙式残膜捡拾机 云南农业大学参与研制的弹齿式残膜捡拾旋耕一体机[2]。该机型主要由破土拾膜刀、机架、卸膜机构、搂膜耙、刮膜板、万向节伸缩传动轴、旋耕机、加强杆等构成。机具作业过程中，首先残膜捡拾旋耕一体机最前端破土拾膜刀开始破土作业，同时刮起较完整残膜及作物根茎，减少后端搂膜弹齿受力，第一级拾膜过程中部分残膜被扯破，与小块残膜一同进入搂膜弹齿中被间隙更小且前后交错排布的搂膜耙拾起，拾起后在搂膜弹齿储膜空间中累积，完成拾膜作业。进一步由位于机具最后端的旋耕机对机具前端拾膜作业完成的地块进行旋耕作业。当拖拉机作业到田垄尽头或搂膜弹齿集满时，拖拉机驾驶员控制三点悬挂液压提升装置将残膜捡拾旋耕一体机抬升到合适高度，前端破土拾膜刀上的残膜及根茎混合物随重力作用脱落，主要拾膜部件由拖拉机手驱动液压油缸收缩，在提升机构的作用下搂膜耙翻转，搂膜耙上的膜杂混合物在刮膜板的梳刷作用下脱落，堆积在田间等待后续处理。机具完成卸膜作业后，液压油缸还原到工作状态，机具重新入土继续作业直至结束，完成拾膜旋耕。田间试验结果表明，该机具残膜捡拾效果为 60%～90%，使用地膜的厚度越大，机具的捡拾效果越好。

甘肃畜牧工程职业技术学院参与研制的残膜捡拾机[3]。该机型主要由挂接机构、机架、减速器、起膜铲、锥形挑卷膜辊和搂耙式搂膜齿等部件组成。整机通过挂接机构与拖拉机三点悬挂机构挂接；变速箱安装在挂接机构后方及锥形挑卷膜辊上方的机架上，变速箱输入轴连接在拖拉机动力输出轴上，变速箱传递动力到达锥形挑卷膜辊，带动锥形挑卷膜辊工作。作业时，随拖拉机的行走起膜。搂耙式搂膜齿上带有液压杆，可进行残膜的二次回收。在田间作业时，设计的新型残膜捡拾机与拖拉机后方三点悬挂机构挂接，拖拉机牵引残膜捡拾机前进，铰接于机架上的起膜铲在压缩弹簧和仿形块的共同作用下入土挑起夹杂有地膜的土层；挑膜齿挑起地膜随锥形挑卷膜组件旋转，地膜缠绕在锥形卷膜辊上。固定于机架上的搂耙式搂膜齿可以对穿过锥形挑卷膜组件的残膜进行再收集。当地膜缠满锥形辊套时，可通过抽出活动轴把取下锥形挑卷膜机构，沿机构轴向抽出两段锥形辊套，将缠绕在起膜齿上的地膜人工取下。田间试验结果表明，在土壤含水率为 12.72%、起膜铲牵引阻力为 320 N、机具前进速度为 12.5 m/s 时，起膜率的平均值为 95.6%，可以满足西北旱作农业区的作业要求。

甘肃省农业机械化技术推广总站针对地膜覆盖带来的农田污染、人工捡拾残膜费工费时、劳动强度大等问题，改进设计了 1FMJ‐1000 型残膜捡拾机[4]。该机型由行走机构、机架、悬挂架、集膜箱、拨膜机构、捡拾器、弧形起膜器以及二次捡拾耙组成。机架前方的悬挂架与拖拉机后方三点液压悬挂件挂接。机具进入田间工作时，拖拉机液压悬挂放下机具，牵引机具前进，弧形起膜器进入土层将残膜从地表揭起，行走机构的地轮部件通过链传动带动捡拾器工作，捡拾器的伸缩齿从滚筒下方伸出将其前下方壅积的残膜挑起。残膜贴附在滚筒外壁，由伸缩齿推动向上运行，伸缩齿在最高点缩回捡拾器滚筒内，残膜滞留在捡拾器上方。动力通过捡拾器左端内部安装的齿轮变向后经链传动带动拨膜机构转动。拨膜机构在转动过程中将捡拾器上方堆积的残膜推入集膜箱。当集膜箱集满残膜后，升起机具，打开集膜箱底板锁扣，倒出残膜。在作业过程中，二次捡拾耙搂集捡拾器所漏捡的残膜，整机在地头转弯时由人工手动清理其搂集的残膜。1FMJ‐1000 型田间残膜捡拾机的成功研制，降低了劳动强度和作业成本，提高了残膜回收作业效率，缓解了土地"白色污染"，有效地增加了生产企业和机具手的收入。

甘肃省靖远县农业机械化技术学校参与研制的 1MFJS‐250 型耙齿式残膜捡拾

机[5]。该机型主要由牵引架、机架、耙齿、揭膜松土铲、液压油缸、限深轮等部件组成。1MFJS-250型耙齿式残膜捡拾机与拖拉机相配套能一次完成松土和捡拾残膜，从而减少残膜对土壤的污染。该机型结构简单、使用方便、生产率高、作业成本低。1MFJS-250型耙齿式残膜捡拾机在拖拉机牵引下向前行驶，揭膜松土铲逐渐入土，在限深轮的作用下，当达到设计深度后，将地表残留地膜筑起，使得残膜与地表分离。松土铲后方错位装有2排耙齿，随机具行驶将地表面已松土的残膜搂起朝前行进。当耙齿前方的残膜达到一定量后，通过拖拉机液压升降机构将机具升起，缩短卸膜机构的液压油缸（此油缸为伸缩油缸），将耙齿垂直于地表，使得残膜卷在自重情况下自然脱落，完成整个作业过程。如需继续工作，就将卸膜机构的液压油缸伸长，改变耙齿与地面的角度，降下拖拉机的升降机构，完成整个作业过程。

贵州大学和贵州省烟草公司研制的梳齿式自动仿形残膜捡拾机[6]。该机型主要由机架、拾膜总成及卸膜总成组成。其中，拾膜总成采用自动仿形设计，能够根据地形自动适应起伏的垄面，实现自动仿形；卸膜总成使用拖拉机自带液压装置作为输入，采用双通液压缸实现卸膜装置竖直方向的双向运动。梳齿式自动仿形残膜捡拾机通过三点悬挂在拖拉机后端，卸膜油缸通过液压管与拖拉机的液压系统连接。机具安好后调整拖拉机的位置，使机具正对烟垄在拖拉机牵引下沿覆膜方向前进。松土起膜刀深入垄底土层 5～10 cm，可以将垄底压膜土壤翻松，同时将土块下方的地膜翻到地表，还能捡拾部分大块残膜，翻出的地膜由机架两侧的长收膜齿进行收集。垄顶上的残膜由机架中间的收膜齿收集，其余工位的残膜由安装的短齿收集。梳齿组通过弹簧式升降仿形构件自动调整位置，弹簧式升降仿形构件通过地面起伏产生的作用力被动实现对地面的自动仿形。三排梳齿交叉安装，前排漏检的残膜会被后排梳齿继续拾起。当机具完成一垄烟田的作业时或收膜量达到梳齿承载量时，停止收膜，通过拖拉机液压装置提升机具，并通过卸膜油缸驱动卸膜机构进行卸膜操作。田间试验结果表明，该机具的平均捡拾率达 80.67%，最小捡拾率为 79.85%，平均积土量为 0.207 m³，最大积土量为 0.225 m³。

甘肃省张掖市农业机械管理局研制的 1FMJ 硬茬地残膜捡拾机[7]。该机型由三点悬挂牵引架、机架、地轮、破茬起膜装置、碎土整压装置、土膜分离装置、液压自动收集装置等部件组成。1FMJ 硬茬地残膜捡拾机配套 654 型四轮拖拉机牵引作业。作业时，机架前方牵引架与拖拉机后方液压悬挂架挂接，调整各部件及其仿形机构参数后，带动捡拾机进入田间作业地点。驾驶员下拉操作杆使其地轮平稳落地；牵引机具前行，破茬起膜装置开始作业。田间试验结果表明，该机具性能稳定，整体结构合理，结构简单，调整方便，经济实用，效率高。捡拾率达 95%以上，破茬率达 98%。

3. 伸缩杆式残膜捡拾机　陇东学院机械工程学院参与设计的滚筒式残膜捡拾机[8]。该机型由支架、滚筒、捡膜齿（刺）、链轮等组成，利用定块机构和曲柄滑块机构的原理，实现捡膜齿的伸缩。定块机构由捡膜齿（刺）、曲柄、摇杆和滚筒限位孔组成；曲柄滑块机构由拉杆、滑块及摇杆组成。手动拉环与滑块相连，摇杆与曲柄由销连接，当拉动手动拉杆时，捡膜齿（刺）便做伸缩运动。捡膜齿（刺）伸出的最大长度为 300 mm。工作时，将滚筒通过液压系统降到地面，将手动拉杆推回去，刺全部伸出。当工作完成后，将手动拉杆拉出，刺全部缩回，再通过液压系统将滚筒提升远离地面，便完成残膜的回收工作。

甘肃农业大学研制的北方旱地全膜双垄沟残膜捡拾机[9]。该机型由仿形起膜铲、挑膜滚筒、悬挂架、输送皮带、刮膜板、集膜箱、行走地轮及传动系统等组成。机具作业时，机架前方的悬挂架与拖拉机的三点液压悬挂装置挂接。进入田间工作后，拖拉机的液压悬挂装置放下机具，牵引机具前进；起膜铲插入土层内，将地膜从地表铲起；行走地轮通过齿轮换向机构带动挑膜滚筒转动，挑膜滚筒上的挑膜齿在滚筒下方时伸出，将壅积在起膜齿间的残膜挑起；残膜由挑膜齿带动向上运行，挑膜齿在最高点穿过皮带缝隙时，地膜从挑膜齿上被剥下，此时挑膜齿缩回滚筒内部，残膜被滞留在输送皮带上；输送皮带带动残膜向前运动至集膜箱上方，大部分残膜落入集膜箱中，少部分由刮膜板刮到集膜箱中；集膜箱装满时，升起机具，打开集膜箱底部的底板锁扣，倒出残膜。该机具适用于北方旱地全膜双垄沟作业，一次可以收 1 行大垄（700 mm）或 2 行小垄（400 mm）。

新疆农业大学和阿克苏精准农机制造有限责任公司设计一种曲轴滚筒式残膜捡拾机[10]。该机型由收膜装置、松土铲、卸膜装置、仿形机构及机架组成，对田间大块残膜捡拾效果好，回收的地膜保持较完整且将地膜和土杂分离。该机具工作时，松土铲先将膜边上的覆土疏松，挑膜齿将地膜卷起，土杂与地膜分离；起膜铲扶膜，辅助捡拾机构捡膜；卸膜辊上安装毛刷，依据顺向卸膜原理，将捡拾齿上的膜刷进集膜箱中。捡膜辊和卸膜辊的动力由拖拉机后驱动轴经变速箱及链条传动，集膜箱装满地膜后将地膜卸在地头。该机具对小块残膜回收率低，适宜于作物苗期整块地膜的回收，可实现自动卸膜、地膜与秸秆分离，达到分别回收利用的目的。

新疆科神农业装备科技开发股份有限公司和新疆农垦科学院机械装备研究所设计了一种集残膜捡拾打捆机的杆齿滚筒式残膜捡拾机[11]。该机型的偏心滚筒与滚筒法兰盘组成滚筒总成；杆齿转轴、转轴盘、伸缩杆齿、方钢组成伸缩杆齿总成，杆齿转轴与转轴盘焊接，杆齿方钢通过卡子固定在转轴盘上，杆齿以一定的角度安装在杆齿方钢上。其中，杆齿转轴通过轴承座安装在机架上；偏心滚筒通过支撑件与机架相连，偏心滚筒可绕滚筒轴心转动；杆齿总成和滚筒总成通过连杆铰接。安装后，偏心滚筒相对于杆齿转轴具有一个偏心距。由于伸缩杆齿和偏心滚筒在安装时有一个偏心距离，在做回转运动时，两者的相对位置会随着转动情况发生变化，使得伸缩杆齿在入土时伸出滚筒的长度最长，而在相反的方向上，伸缩杆齿伸出的长度最短，从而实现了在伸出长度最长处捡膜，在伸出长度最短处脱膜，达到伸缩杆齿入土捡拾残膜、偏心滚筒脱膜的目的。对于杂质较多的田间地膜，可在杆齿滚筒前安装一个小弹齿辊，通过小弹齿辊将地膜从杂质中挑出，起到清杂捡拾的作用，提高了杆齿滚筒的捡净率。田间试验结果表明，该机型平均捡拾率为90.66%，平均清杂率为82.14%。

新疆农业大学新疆农业工程装备创新设计实验室（自治区教育厅重点实验室）针对国内残膜回收机捡拾率不高以及卸膜困难等问题，设计了一种伸缩钉齿式残膜捡拾机[12]。整机由行走轮、凸轮捡拾装置、卸膜装置、集膜箱、传动系统和机架等主要部件组成。工作时，该机与拖拉机后方三点悬挂机构挂接，在拖拉机的悬挂下向前行进；整个过程由拖拉机的输出轴提供动力，通过传动机构带动凸轮捡拾装置滚动，进行残膜捡拾，再通过卸膜装置脱下残膜，收获到集膜箱中，完成残膜回收的工作。凸轮捡拾装置、卸膜装置和集膜箱之间通过刚性连接，传动机构主要以齿轮和链轮相互配合的形式呈现。凸轮捡拾装置主要由偏心式滚筒、起膜钉组成。工作时，偏心式滚筒由链轮经齿轮机构进行驱动，起膜钉在偏心式滚筒的带动下旋转，相对固定滚筒表面会循环伸出缩回：起膜钉伸出，用于捡膜；起膜钉缩回，用于脱膜。田间试验结果表明，伸缩钉齿式残膜捡拾机捡拾率为87.56%，卸膜率为90.05%。

西北农林科技大学设计的圆弧形弹齿滚筒式残膜捡拾机构[13]。该机型主要由滚筒、凸轮、心轴、扭转弹簧以及双臂耙构成。工作时，滚筒由驱动轮经齿轮机构驱动绕着机架固联的心轴转动，双臂耙在滚筒拖动下，其横架沿凸轮轮缘滑动。由于存在偏心距，运动时弹齿相对滚筒表面伸出-缩回。弹齿伸出用于捡膜，弹齿缩回用于脱膜。田间试验结果表明，机构设计合理，捡膜能力强，在配有起膜铲及膜田表土较干燥的条件下捡拾率非常高。

石河子大学和新疆维吾尔自治区特种设备检验研究院针对残膜回收作业中回收率低、含杂率高等问题设计了一种挑膜分杂式残膜回收机[14]，并设计了一种可在入土前工作行程挑起较多的残膜，后工作行程分离秸秆等杂质的新型椭圆规式挑膜捡拾机构。该机型主要由横纵向切膜装置、椭圆规挑膜机构、输膜装置、四连杆筛网装置、集膜箱等组成。机具连接方式为悬挂支撑，拖拉机后输出动力轴与传动轴连接；在拖拉机牵引下，松土铲剥离边膜，横纵向切膜装置对残膜进行十字切割，曲柄的旋转驱动摇杆嵌于土壤实现周期性挑膜，将残膜投入输膜装置中，将其输送至四连杆筛网装置，通过筛孔继续筛分残膜与杂质，残膜由于重力的作用，落入集膜箱。田间试验结果表明，在圆周运动周期内的弧长值为 2.31 m，增长率为

12.27%，有效区域增长为 33.34%；入土轨迹斜率偏差降低 34.68%，出土轨迹斜率偏差降低 4.09%，残膜回收率达 90.3%，基本满足了残膜回收要求。

4. 夹持式残膜捡拾机　石河子大学设计的"张持"式顺向残膜捡拾机[15]。该机型由牵引装置、机架、辅助闭合轨道和捡拾装置组成。其中，辅助闭合轨道由轨道、限位螺杆和轨道连接架组成；捡拾装置由摇臂、滚筒和捡拾齿组成。"张持"式顺向残膜捡拾机的工作过程：拖拉机牵引机构向前行驶，捡拾装置向前滚动；当摇臂碰到辅助闭合轨道时，受力发生旋转，带动捡拾齿闭合，拉簧受拉力伸长；捡拾齿在闭合状态下扎破地膜、深入土壤，随滚动继续，捡拾齿出土；此时，摇臂不再受到辅助闭合轨道的约束，受拉簧作用，捡拾齿迅速张开恢复为原来的张开状态，撑开地膜，利用"张持"力完成地膜的捡拾。该研究成果有助于解决棉田残膜污染问题，丰富残膜回收机械的设计理论。

石河子大学设计的另一种挑夹式残膜捡拾机，也是一款优秀的夹持式残膜捡拾机[16]。该机型主要由切膜机构、挑杆装置、夹持输送装置、脱膜装置、残膜收集箱等部件组成。其中，挑杆装置由松土铲、挑膜杆、曲柄摇杆机构组成；夹持输送装置由夹块机构、链板输送等组成；脱膜装置由撑开齿、脱膜辊组成。该机型工作时与拖拉机连接，传动系统通过传动轴与拖拉机动力输出轴相连。机具顺着苗行前行，前端的起膜铲将两边埋在土壤里的地膜铲起。纵向切膜机构从宽行中间把膜切割成两部分，横向切膜机构再进行横向切割，最终将膜切成矩形的块状。随后，挑膜杆在曲柄摇杆机构的带动下做往复挑起运动，挑膜杆将块状地膜挑起并塞入输送的夹钳装置中，随后迅速从夹钳装置中脱出，进行下一块地膜的挑起运动。夹持输送装置夹着地膜进行输送向上运动，到达集膜箱后，脱膜装置将夹口装置撑开并将薄膜刷下，完成一个收膜动作。挑夹式残膜捡拾输送机构较好地模仿了人类用手臂捡拾残膜的动作，试验证明，挑膜机构曲柄转速 $n=240$ r/min，夹持输送装置转速 $n=81.18$ r/min 时能可靠地将膜挑起并输送到集膜箱，基本能够满足残膜回收的田间作业要求。

5. 弹齿式残膜捡拾机　陇东学院设计了一种新型的玉米地破茬残膜捡拾机。该机型由机架、传动系统、深松器、破茬组件、挑膜齿、捡膜组件、卸齿机构、割膜装置及地轮等组成。其中，破茬组件由 3 组可沿轴向移动的刀盘组成，动力通过带传动传递；挑膜机构由挑膜齿和弹簧组成，挑膜齿具有仿地形的性能；卸膜机构通过扳手推动捡膜齿架，使得捡膜齿从卡槽中退出；割膜装置由切片、切片电机、丝杠及丝杠电机组成。工作时，利用四轮拖拉机三点悬挂牵引，拖拉机动力输出轴与减速换向器输入轴连接，换向减速器通过带传动带动破茬装置和捡拾机构转动。深松器与机架相连接，调节两个深松器间的距离，使之与田地垄宽相同，将垄两侧土翻起，便于残膜捡拾。挑膜齿将地膜与地面分离，并做高速旋转运动，齿尖将地膜挑起缠绕在卷膜辊上；当卷膜辊上的废膜缠绕到一定厚度时，停机，扳动捡膜齿架，将捡膜齿从捡膜齿架上的卡槽中退出；启动切片电机和丝杠电机，切片将卷膜辊上的膜沿轴向切开，再人工转动卷膜辊，使之转动180°，再切一刀，残膜将从卷膜辊上自动脱落；待膜脱落后，将捡膜齿插入捡膜齿架的卡槽中，完成一个周期的残膜捡拾工作。该机型采用杆齿式捡拾机构，利用离心力将土甩出，起到膜、土分离的效果，并设计了切膜机构来提高工作效率。田间试验结果表明，残膜捡拾率达到90%以上，破茬率达到80%以上，工作效率较滚筒式残膜捡拾机提高了15%，性价比满足了农户的要求[17]。

昆明理工大学、云南省高校中药材机械化工程研究中心和重庆市农业科学院农业机械研究所设计了一种弧形起膜捡拾装置配合抛膜弹齿式残膜回收机[18]。该机型主要由输膜辊、喂入辊、U形喂入齿、起膜杆齿、弧形钉齿等组成。牵引架通过三点悬挂方式与拖拉机连接，拖拉机后动力输出轴与变速箱连接，变速箱将动力分别传递到螺旋粉碎升运装置动力输入轴和抛膜装置以及螺旋粉碎升运装置驱动带轮上，带动喂入辊转动，并给滚筒提供被动驱力。机具由拖拉机后悬挂牵引前进，行走抬升系统液压调控机具调整至预定工作位置，启动动力输出轴，动力传至弧形起膜捡拾装置带动传动轴旋转，进而驱动后续部件工作。作业时，起膜捡拾装置在重力和弹簧压力的作用下随地仿形旋转，弧形起膜刀片始终置于土壤中，机组前进时，掘起一定深度的耕层土壤并与残膜一并抛出，在惯性力和离心力的作用下，膜、土混合物被抛向抛膜装置。进一步分离膜、土后，混合物通过拨杂装置拨送到输送装置上，与两级输送辊接触后，残膜与土壤向后抛射并进一步破碎土块，再通过链齿输送装置实现残膜与土壤的分离和残膜后输；茎秆等杂物由上喂料辊喂入螺旋粉碎清杂装置，残膜从上下辊间流出。通过研究分析和田间模拟试验发现，通过优化相邻弧形钉齿之间的有效间距，实时调整余摆线间的距离，可进一步提高该装置的起膜捡拾效果，为物理样机的试制和开发提供理论依据。

新疆农业大学设计了一种钉齿滚扎式残膜回收机[19]。该机型由限深轮、机架、搂膜齿、拾膜滚筒、卸膜刮板、卸膜挡板、集膜箱、卷膜机构、牵引架、边膜铲及切膜圆盘等组成。整机由拖拉机采用三点悬挂牵引，切膜圆盘将地膜破碎，卷膜机构进行边膜的回收，拾膜滚筒上的钉齿将地表膜扎起，通过搂膜齿及卸膜挡板的作用，由卸膜刮板将扎起的残地膜卸到集膜箱中。位于机架后方的限深轮机架采用伸缩杆式设计，利用螺栓固定，可调节钉齿的入土深度。整机采用卷收边膜与钉齿滚筒扎起地表膜分布作业的方式，形成同时回收的效果。通过试验发现，在机具前进速度为3.6 km/h、钉齿入土深度为50 mm、拾膜机构与卸膜机构的传动比为1∶3时，作业效果最好。

6. 链齿式残膜捡拾机 石河子大学农业农村部西北农业装备重点实验室针对

随动式残膜回收机在捡拾地膜过程中存在杂质壅堵的问题,设计了一种新型起膜捡拾机构[20]。该机型主要包括起膜装置、捡拾装置、脱膜装置和卷膜装置。其中,起膜装置、捡拾装置位于残膜回收机的末端,机架前端连接卷膜装置与脱膜装置。作业时,起膜装置松动地表土壤,将地表地膜挑起,实现膜、土分离。同时,地膜挂接在捡拾装置上,捡拾装置与土壤接触并将拾起的地膜向上输送,地膜经脱膜装置分离并落至卷膜装置,卷膜装置卷收地膜,完成地膜的打卷回收作业,捡拾输送过程中,地膜逆向翻转,膜面上杂质落入捡拾装置中,排至机具外侧。田间试验结果表明,起膜捡拾机构在参数最优组合下测得机构起膜率均值为 90.45%,排杂率均值为 91.30%,满足了回收作业的要求。

新疆农业大学和山东省济南市技师学院针对链齿式残膜回收机捡拾效率不高、工作性能一般等问题,设计了一台链齿式残膜回收机[21]。该机型主要由牵引架、入土起膜铲、捡拾装置、卸膜板、集膜箱、传动系统及机架等组成。整个机具通过牵引架与拖拉机连接,动力后输出轴通过花键与减速箱输入轴相连接,在拖拉机的牵引作用下向前行进。行进过程中,入土装置可深入耕层 150 mm 以下对残膜进行回收,且入土装置可以调节入土深度,入土起膜铲通过紧定螺钉安装在入土器板上。工作时,入土起膜器把地表以下残膜回收到地表上,由捡拾装置中的链轴作为动力输出轴,链轴带动捡拾装置上的弹齿把残膜挑起,然后把捡拾的残膜输送到卸膜装置,进行卸膜,回收到集膜箱中。在拖拉机不断行进的过程中,机构不断重复这个过程,实现地表残膜连续回收。田间试验结果表明,影响捡拾率程度的大小依次为捡拾转速>捡拾齿轴向间距>捡拾齿周向间距>入土深度;当捡拾转速为91.41 r/min、入土深度为 143.48 mm、捡拾齿周向间距为 91.49 mm、捡拾齿轴向间距为 32.31 mm 时,残膜的捡拾率达到 91.02%,相对误差较小。

新疆农业大学为了解决秋后地膜难回收的问题,在国内外残膜回收机具的基础上,设计了一种指盘式残膜回收机[22]。该机型采用指盘机构对残膜进行集条处理,采用弹齿式捡拾机构完成拾膜作业。整机主要由机架、指盘、卸膜机构、弹齿式捡拾输送机构、地轮、输膜板、驱动轮和集膜箱等组成。该机型的指盘采用三点悬挂,弹齿式捡拾机构采用牵引方式,在机具开始工作前,拖拉机液压缸将指盘放下,使指盘接触到土壤表层。拖拉机前进,指盘转动将两边的地膜拨向中间,形成一定宽度的膜条,指盘两平面间的夹角一般为 135°。与此同时,弹齿式捡拾机构的驱动轮一起前进,驱动轮上装有链轮,通过链条将动力传递给换向齿轮,换向齿轮再将动力传输给弹齿式捡拾机构主轴,带动弹齿式捡拾机构做顺时针转动,捡拾弹齿将已经集条的地膜挑到输膜板上,然后将地膜带入集膜箱内。安装在捡拾机构主轴另一端的链轮带动卸膜机构同向转动,将挂在弹齿上的地膜拨入集膜箱内。正交试验结果表明,弹齿式捡拾机构转速对捡拾率的影响大于机具行进速度和弹齿入土深度对捡拾率的影响，当弹齿式捡拾机构转速为 80 m/s、机具行进速度为 0.8 m/s、弹齿入土深度为 20 mm 时，捡拾效果较好。

新疆农业大学机电工程学院和新疆农垦科学院机械装备研究所针对耙齿式残膜回收机工作过程中存在漏捡、脱膜不彻底、耙齿回带残膜等问题，设计了导向链耙式地表残膜回收机[23]。该机型主要由牵引架、拉杆、过载保护器、卸膜油缸、脱膜装置、行走轮、推膜机构、单轴排杂装置、链耙架、导向链耙、限深轮、链传动系统、集膜箱等组成。其中，拾膜装置主要由链耙架与导向链耙组成，链耙架支撑导向链耙实现耙齿的位姿控制。工作时，拖拉机牵引机具前行，动力由后输出轴经换向器减速后驱动链传动系统带动拾膜装置运转，在链耙架及导向链耙配合下，导向耙齿沿固定轨迹运动。机具工作过程中，导向链耙将表层地膜呈"倒扣"状挑起并沿链耙架倾斜方向向膜箱输送，输送过程中，地膜表面的杂质依靠传动过程中产生的震动从地膜表面脱落，杂质在重力作用下落入下方单轴排杂收集装置并送至机具两侧。当导向耙齿运动至膜箱上部区域，导向耙齿绕链耙两端铰接短轴轴心转动，地膜在自重和脱膜装置的作用下脱落至膜箱后部，推膜机构将落至膜箱后部的地膜推至膜箱前部完成地膜压缩。当机具运动至地头后，膜箱底部卸膜油缸推动膜箱的底板顺时针旋转，将地膜从膜箱排出。

新疆农业大学和新疆农垦科学院机械装备研究所针对摆杆驱动式残膜回收机拾膜机构漏捡、卸膜机构回带地膜等问题，设计了一种齿链复合式残膜回收机[24]。该机型工作部件主要包括杆齿式拾膜机构、齿链式拾膜机构和刮板式卸膜机构三大部分，主要由机架、集膜箱、杆齿式拾膜机构、地轮、齿轮换向机构、链传动机构、齿链式拾膜机构、限深轮和刮板式卸膜机构组成。机具工作时，由拖拉机牵引带动地轮转动，由地轮通过链传动带动齿轮换向机构转动，再传递给杆齿式拾膜机构，杆齿式拾膜机构通过链传动带动齿链式拾膜机构转动。机具前进时，先由齿链式拾膜机构对地面的残膜进行一次拾膜，残膜经刮板式卸膜机构被卸进集膜箱；地面经齿链式拾膜机构捡拾后，还会存在一部分的地膜残留，再经杆齿式拾膜机构进行二次拾膜，捡拾起来的残膜经齿链式拾膜机构上的弹齿刮捋、输送，最后经刮板式卸膜机构卸进集膜箱。机具在工作时，共完成 2 次拾膜及多次卸膜。田间试验结果表明，以优化参数作业时，拾膜率为 87.2%，缠膜率为 1.6%，优化结果可靠。

7. 振动筛式残膜捡拾机 甘肃省农业机械质量管理总站研制的振动筛式残膜捡拾机，主要由卸膜把手、机架、地轮、卸膜板、振动筛、变速箱、动力输入轴、连杆机构、悬挂架、起膜铲、动力输出轴、从动链轮、主动链轮等组成。工作时，由拖拉机牵引机具前进，通过调节拖拉机悬挂架来调节起膜铲入土角度，同时调节地轮高度来调节起膜铲入土深度，起膜铲铲起深度为 0～50 mm 的土块、地膜及根茬，拖拉机动力输出轴与捡膜机动力输入轴相连，将动力传递给捡膜机，捡膜机通过变速箱减速后将动力通过一组链轮传递给振动筛连杆机构，振动筛连杆机构带动振动筛做摇动，随着机具前进，土块、地膜及根茬等移动至振动筛上，振动筛将机具前方起土铲挖起的土块、地膜及根茬等通过摇动进行分离，土块在振动过程中被震碎，连同部分根茬通过振动筛底部栅条上的间隙掉落到地面，地膜及根茬随着振动筛的摇动继续向机具后方移动，从而进入卸膜板。当卸膜板收集满地膜及根茬后，闭合机具后部的卸膜把手，将地膜及根茬卸至地表，完成残膜的捡拾作业。振动筛式残膜捡拾机能够一次性完成残膜、根茬的捡拾清理，实现膜、土分离。连杆振动筛通过拖拉机动力输出轴带动振动筛做振动，膜、土通过振动进行分离，同时振动筛将剩下的残膜运送至卸膜板便于收集清理，作业可靠有效，卸膜机构有效地解决了卸膜费时、费力的问题，提高了作业效率[25]。

3.1　叉形残膜捡拾辊机构

如图 3-1 所示，叉形残膜捡拾辊机构由叉形捡拾齿、旋转辊、驱动轴颈、右旋转轴颈及左旋转轴颈组成。叉形捡拾齿按插空规律均匀地安装在旋转辊上，旋转辊右侧安装有右旋转轴颈，旋转辊左侧安装有左旋转轴颈，右旋转轴颈端面处焊接驱动轴颈，叉形捡拾齿由叉形齿和弓形齿背组成，叉形齿焊接在弓形齿背下侧。本设计采用的残膜钩挂效率高、可靠性高，满足了田地残膜捡拾的功能需求。

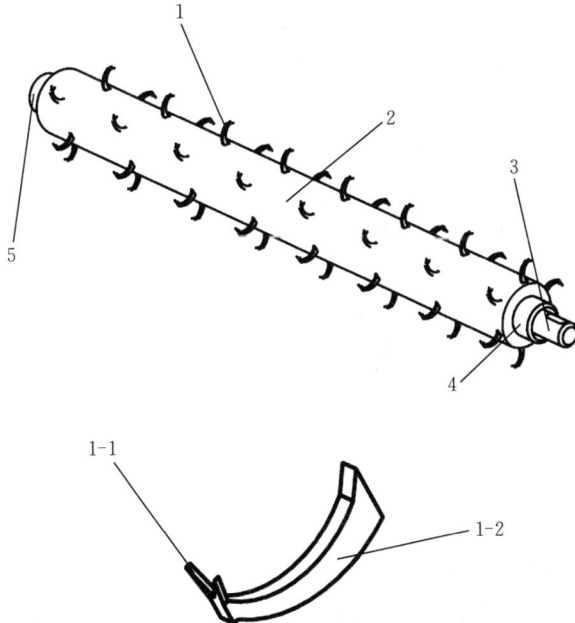

图 3-1　叉形残膜捡拾辊机构结构

1. 叉形捡拾齿　1-1. 叉形齿　1-2. 弓形齿背　2. 旋转辊　3. 驱动轴颈　4. 右旋转轴颈　5. 左旋转轴颈

3.2 十字反弓形残膜捡拾辊机构

如图3-2所示，十字反弓形残膜捡拾辊机构由十字反弓形捡拾齿、旋转辊、驱动轴颈、右旋转轴颈及左旋转轴颈组成。

十字反弓形捡拾齿按插空规律均匀地安装在旋转辊上，旋转辊右侧安装有右旋转轴颈，旋转辊左侧安装有左旋转轴颈，右旋转轴颈端面处焊接驱动轴颈。十字反弓形捡拾齿由十字挂膜齿和反弓形齿背组成，十字挂膜齿焊接在反弓形齿背上侧。使用时，十字反弓形捡拾齿弓背先接触土地，有效减少了土壤对十字反弓形残膜捡拾辊机构旋转的阻力。本设计残膜钩挂效率高、所需牵引驱动力小、可靠性高，满足了田地残膜捡拾的功能需求。

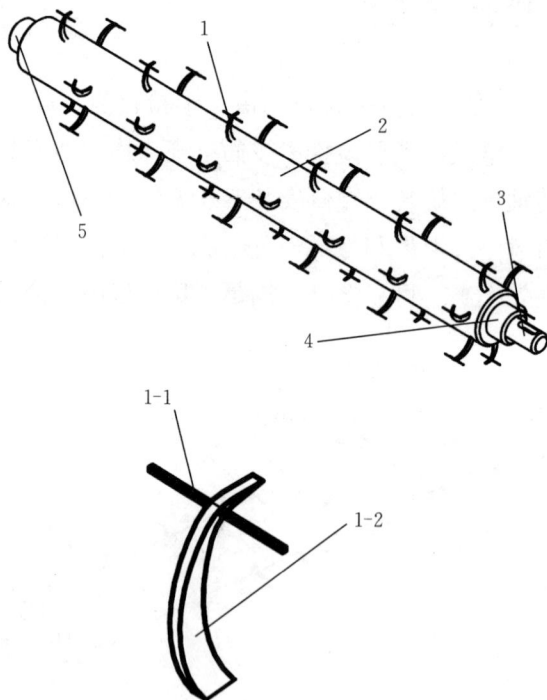

图3-2 十字反弓形残膜捡拾辊机构结构
1.十字反弓形捡拾齿 1-1.十字挂膜齿 1-2.反弓形齿背 2.旋转辊 3.驱动轴颈
4.右旋转轴颈 5.左旋转轴颈

十字反弓形残膜捡拾辊机构和叉形残膜捡拾辊机构是两种安装在自行式残膜捡拾机腹部的捡拾机构。这两种捡拾机构比市场上现有的类似捡拾机构效率明显提高。两种结构中，十字反弓形残膜捡拾辊机构捡拾效率高于叉形残膜捡拾辊机构。但因其机构原因，脱膜率低于叉形残膜捡拾辊机构。

3.3　曲柄导杆式残膜捡拾机构

如图 3-3 和图 3-4 所示，曲柄导杆式残膜捡拾机构由滚筒、伸缩捡拾杆、导向槽、滚动轴承及心轴组成。

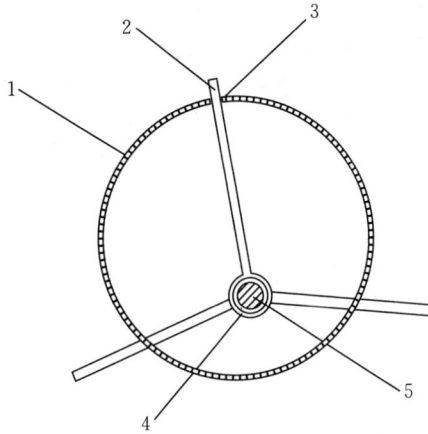

图 3-3　曲柄导杆式残膜捡拾机构径向剖视图
1. 滚筒　2. 伸缩捡拾杆　3. 导向槽　4. 滚动轴承　5. 心轴

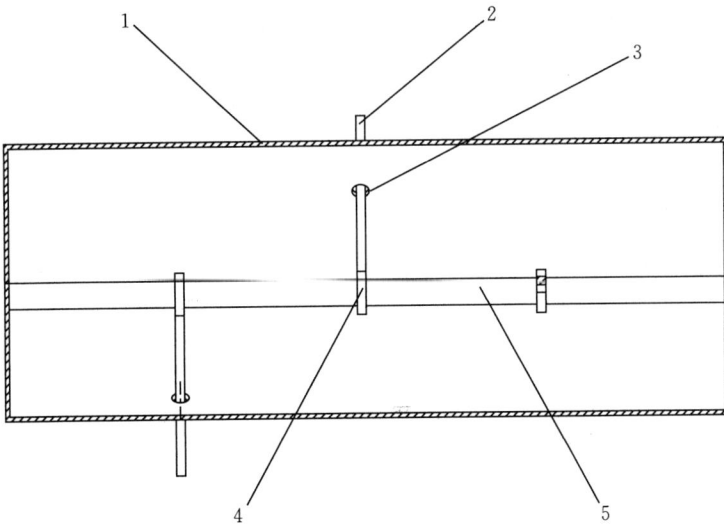

图 3-4　曲柄导杆式残膜捡拾机构轴向剖视图
1. 滚筒　2. 伸缩捡拾杆　3. 导向槽　4. 滚动轴承　5. 心轴

滚筒内部下侧安装有心轴，滚筒外壁设置有导向槽；伸缩捡拾杆一侧焊接在滚动轴承外侧，滚动轴承安装在心轴上；伸缩捡拾杆的另一侧穿过导向槽伸出到滚筒外侧。此机构是残膜回收装置的重要组成部件。

3.4 三棱柱形残膜捡拾机构

如图 3-5 所示，三棱柱形残膜捡拾机构由上从动轮、后从动轮、输送带、驱动轮及捡拾齿组成。

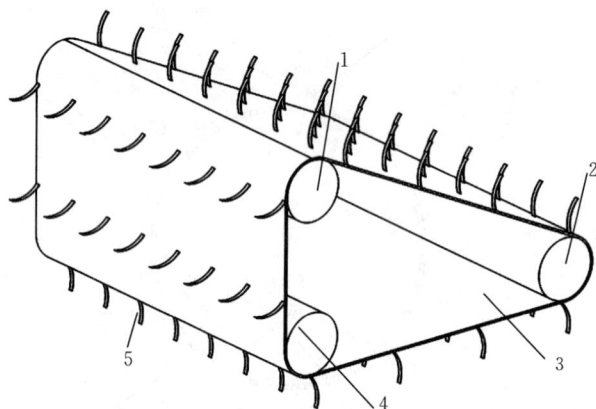

图 3-5 三棱柱形残膜捡拾机构结构

1. 上从动轮 2. 后从动轮 3. 输送带 4. 驱动轮 5. 捡拾齿

驱动轮上侧设置有上从动轮，驱动轮后侧设置有后从动轮，输送带安装在上从动轮、后从动轮以及驱动轮外侧，输送带外表面安装有捡拾齿。

3.5 L 形残膜捡拾弹齿机构

如图 3-6 和图 3-7 所示，L 形残膜捡拾弹齿机构由尖头弹齿、安装孔和梯形弹齿座组成。

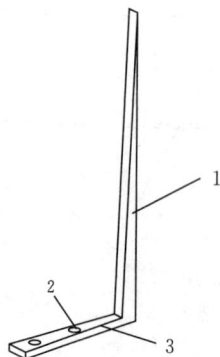

图 3-6 L 形残膜捡拾弹齿机构

1. 尖头弹齿 2. 安装孔 3. 梯形弹齿座

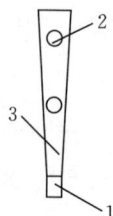

图 3-7 L 形残膜捡拾弹齿机构俯视图

1. 尖头弹齿 2. 安装孔 3. 梯形弹齿座

梯形弹齿座一端焊接有尖头弹齿,梯形弹齿座中间设置有安装孔。本设计的优点是安装方便、结构简单、可靠性强,L形残膜捡拾弹齿机构拆卸更换方便,结构强度高,满足了残膜捡拾机拾膜的功能需求。

3.6 U形残膜捡拾弹齿排机构

如图3-8至图3-11所示,U形残膜捡拾弹齿排机构由U形槽、L形残膜捡拾弹齿、V带连接孔及连接螺栓组成。

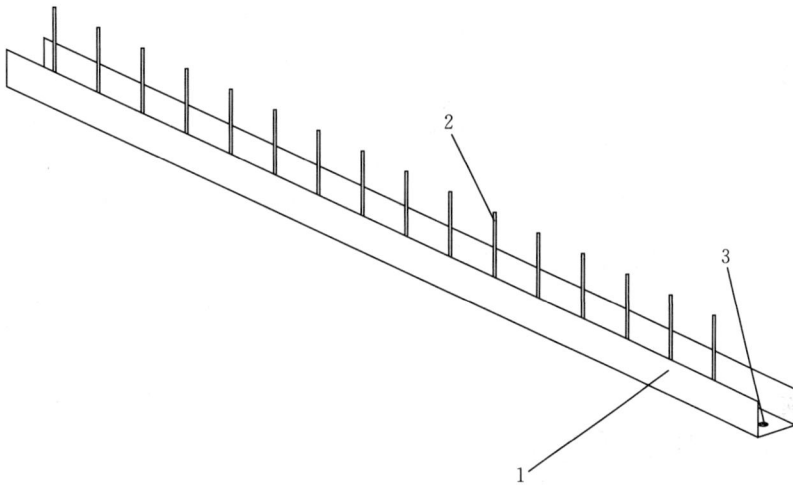

图3-8 U形残膜捡拾弹齿排机构

1.U形槽 2.L形残膜捡拾弹齿 3.V带连接孔

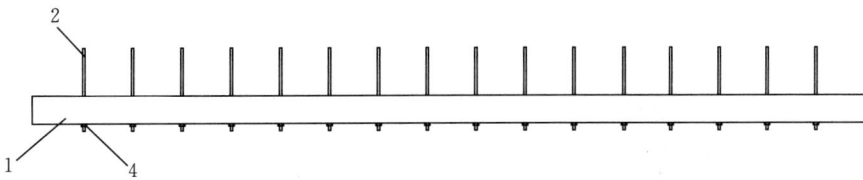

图3-9 U形残膜捡拾弹齿排机构前视图

1.U形槽 2.L形残膜捡拾弹齿 4.连接螺栓

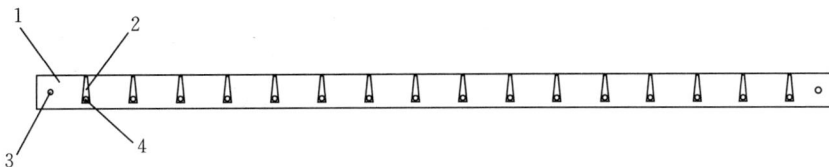

图3-10 U形残膜捡拾弹齿排机构俯视图

1.U形槽 2.L形残膜捡拾弹齿 3.V带连接孔 4.连接螺栓

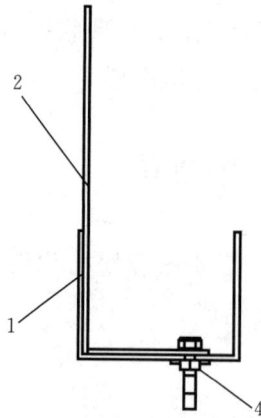

图 3-11 U 形残膜捡拾弹齿排机构侧视图
1.U 形槽 2.L 形残膜捡拾弹齿 4.连接螺栓

U 形槽槽内通过连接螺栓均匀地安装 L 形残膜捡拾弹齿，U 形槽两端设置有 V 带连接孔。本设计的优点是结构简单、可靠性强，U 形残膜捡拾弹齿排机构拆卸更换 L 形残膜捡拾弹齿容易，整体安装方便，满足了残膜捡拾机拾膜的功能需求。

3.7 五边形残膜捡拾辊

如图 3-12 至图 3-14 所示，五边形残膜捡拾辊由正五边形辊、L 形残膜捡拾弹齿及转动轴组成。

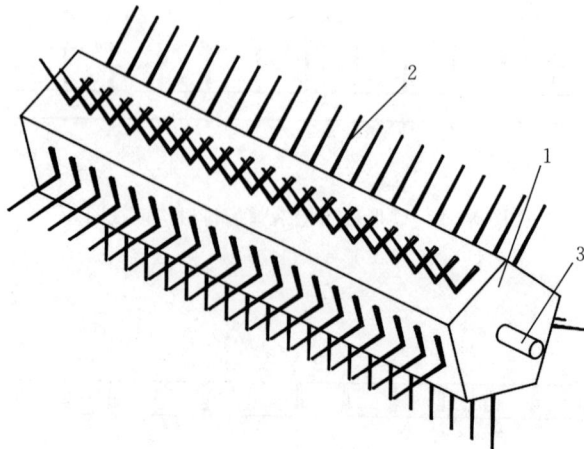

图 3-12 五边形残膜捡拾辊结构
1.正五边形辊 2.L 形残膜捡拾弹齿 3.转动轴

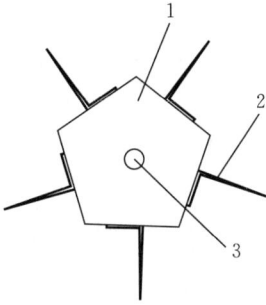

图 3-13　五边形残膜捡拾辊侧视图
1. 正五边形辊
2. L 形残膜捡拾弹齿　3. 转动轴

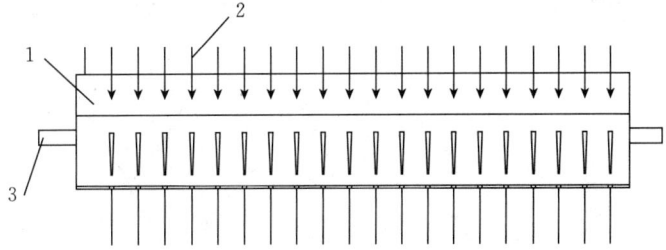

图 3-14　五边形残膜捡拾辊前视图
1. 正五边形辊
2. L 形残膜捡拾弹齿　3. 转动轴

正五边形辊端面两侧安装有转动轴，正五边形辊的 5 个侧面均匀地安装 5 排 L 形残膜捡拾弹齿。本设计的优点是结构紧凑、体积相对较小、可靠性强、制造方便，五边形残膜捡拾辊安装拆卸 L 形残膜捡拾弹齿容易，满足了残膜捡拾机拾膜的功能需求。

3.8　三角形直弹齿残膜捡拾辊

如图 3-15 和图 3-16 所示，三角形直弹齿残膜捡拾辊由正三边形辊、直残膜捡拾弹齿及转动轴组成。

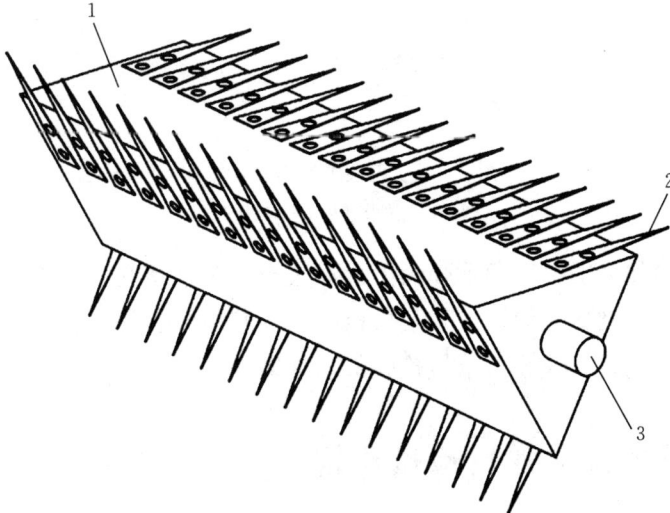

图 3-15　三角形直弹齿残膜捡拾辊结构
1. 正三边形辊　2. 直残膜捡拾弹齿　3. 转动轴

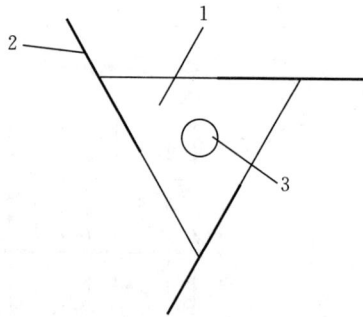

图 3-16 三角形直弹齿残膜捡拾辊侧视图

1. 正三边形辊　2. 直残膜捡拾弹齿　3. 转动轴

正三边形辊端面两侧安装有转动轴，正三边形辊的 3 个侧面均匀地安装 3 排直残膜捡拾弹齿。本设计的优点是结构紧凑、体积小、可靠性强、制造方便，三角形直弹齿残膜捡拾辊安装拆卸直残膜捡拾弹齿容易，且需要的捡拾弹齿数量少，满足了残膜捡拾机拾膜的功能需求。

3.9　直残膜捡拾弹齿

如图 3-17 所示，直残膜捡拾弹齿由窄三角形弹齿和连接孔组成。

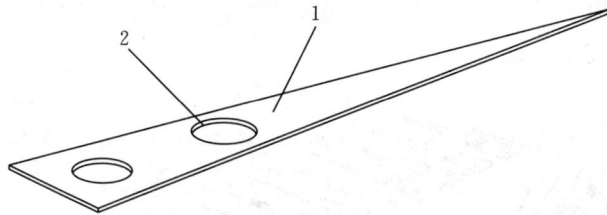

图 3-17　直残膜捡拾弹齿结构

1. 窄三角形弹齿　2. 连接孔

直残膜捡拾弹齿的窄三角形弹齿下部设置有两个连接孔。本设计的优点是结构紧凑、可靠性强、制造方便，直残膜捡拾弹齿安装拆卸容易，适用于正三角形或正方形捡拾轴辊，满足了残膜捡拾机拾膜的功能需求。

3.10　残膜带传动弹齿捡拾机构

如图 3-18 至图 3-20 所示，残膜带传动弹齿捡拾机构由驱动带轮、前从动轮、后从动轮、传动带及 U 形残膜捡拾弹齿排机构组成。

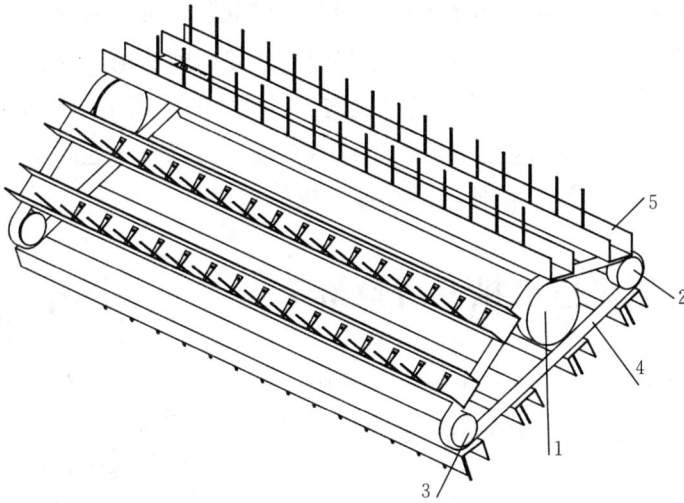

图 3-18 残膜带传动弹齿捡拾机构

1. 驱动带轮 2. 前从动轮 3. 后从动轮 4. 传动带 5. U 形残膜捡拾弹齿排机构

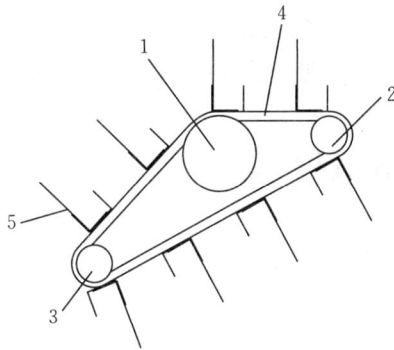

图 3-19 残膜带传动弹齿捡拾机构侧视图

1 驱动带轮 2. 前从动轮 3. 后从动轮 4. 传动带 5. U 形残膜捡拾弹齿排机构

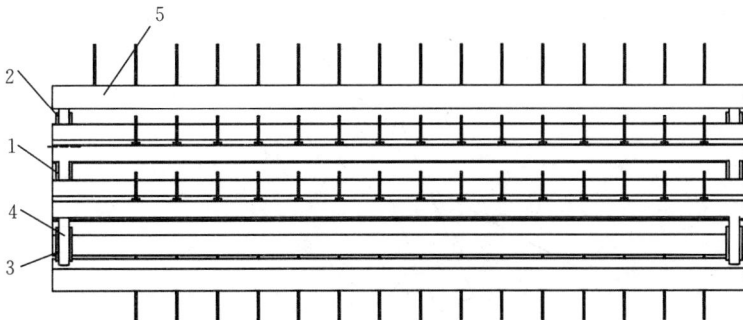

图 3-20 残膜带传动弹齿捡拾机构俯视图

1. 驱动带轮 2. 前从动轮 3. 后从动轮 4. 传动带 5. U 形残膜捡拾弹齿排机构

如图 3-18 所示，残膜带传动弹齿捡拾机构中的驱动带轮前侧设置前从动轮，驱动带轮后侧下方设置后从动轮，传动带连接驱动带轮、前从动轮和后从动轮，传动带上表面均匀地安装 U 形残膜捡拾弹齿排机构。本设计的优点是结构简单、可靠性强、安装方便，残膜带传动弹齿捡拾机构具有缓冲功能，可以有效地减少耕地复杂工况对机器的冲击，满足残膜捡拾机拾膜的功能需求。

3.11　夹指带式捡拾机专用捡拾带

如图 3-21 所示，夹指带式捡拾机专用捡拾带由耐磨宽平带、Y 形夹指限位孔及 Y 形夹指安装孔组成。

耐磨宽平带外表面均匀地设置 Y 形夹指安装孔，每个 Y 形夹指安装孔后侧设置 Y 形夹指限位孔。本设计的优点是安装方便、捡拾效率高、膜土混合物易分离、制造方便、可靠性高、造价低廉，满足了夹指带式残膜捡拾机捡拾残膜的功能需求。

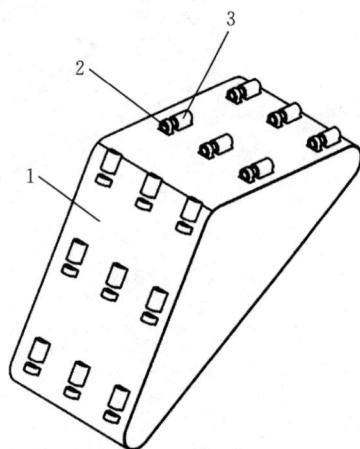

图 3-21　夹指带式捡拾机专用
捡拾带机构
1. 耐磨宽平带　2. Y 形夹指限位孔
3. Y 形夹指安装孔

3.12　Y 形残膜夹指机构

如图 3-22 所示，Y 形残膜夹指机构由安装杆、左指弹片、右指弹片及限位凸

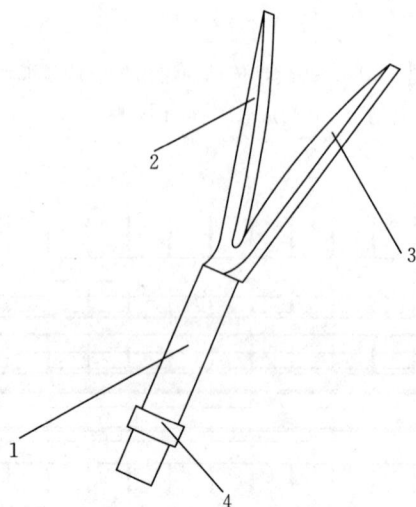

图 3-22　Y 形残膜夹指机构
1. 安装杆　2. 左指弹片　3. 右指弹片　4. 限位凸起

起组成。

　　Y 形残膜夹指机构安装杆中下部设置有限位凸起，安装杆上端分别安装左指弹片和右指弹片。

3.13　夹指带式残膜捡拾机机架

　　如图 3-23 所示，夹指带式残膜捡拾机机架由"井"字形主架、伸缩式液压缸、从动辊安装孔、张紧辊安装孔、支撑轮安装孔及驱动辊安装孔组成。

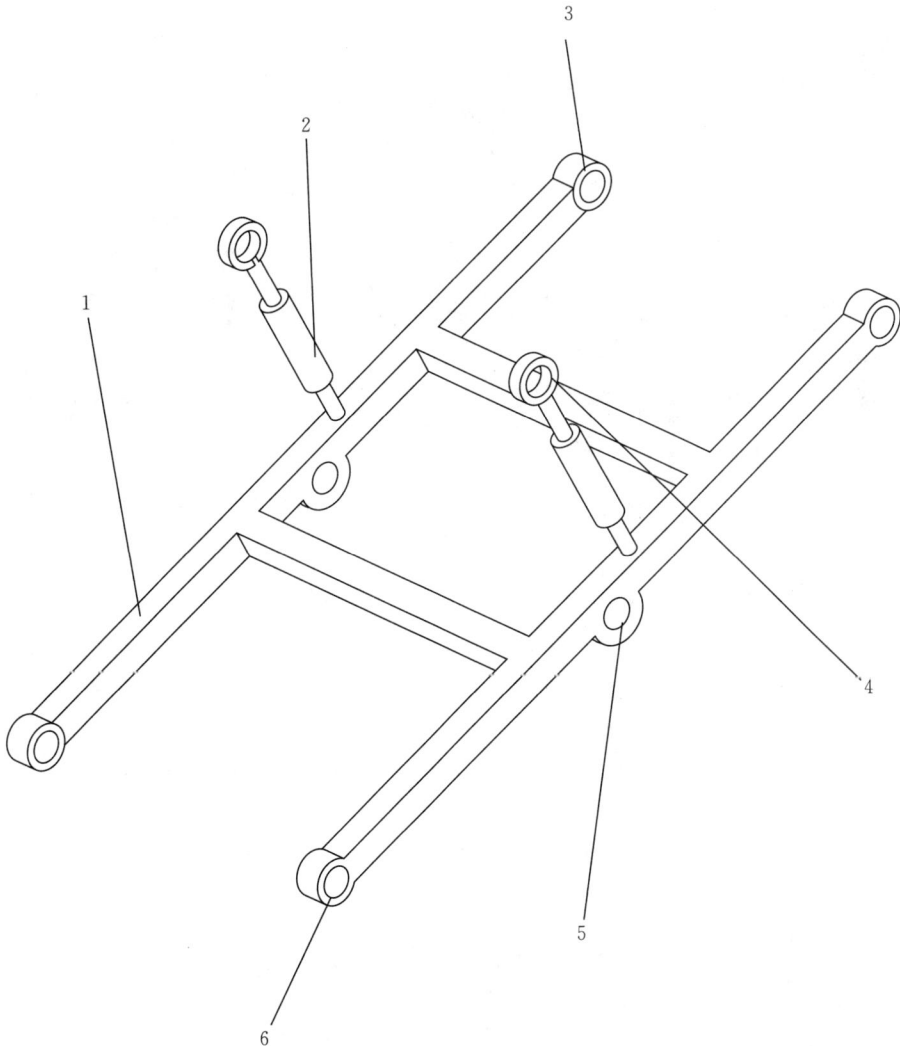

图 3-23　夹指带式残膜捡拾机机架结构

1. "井"字形主架　2. 伸缩式液压缸　3. 从动辊安装孔　4. 张紧辊安装孔　5. 支撑轮安装孔　6. 驱动辊安装孔

"井"字形主架中部上侧安装有伸缩式液压缸，伸缩式液压缸上部设置有张紧辊安装孔，"井"字形主架下端设置有驱动辊安装孔，"井"字形主架上端设置有从动辊安装孔，"井"字形主架中部下侧设置有支撑轮安装孔。

3.14 回转式残膜捡拾机捡拾机构

如图 3-24 至图 3-26 所示，回转式残膜捡拾机捡拾机构由捡拾机构挂架、从动带轮、驱动带轮、驱动轴、柔性连接带及 L 形捡拾齿组成。

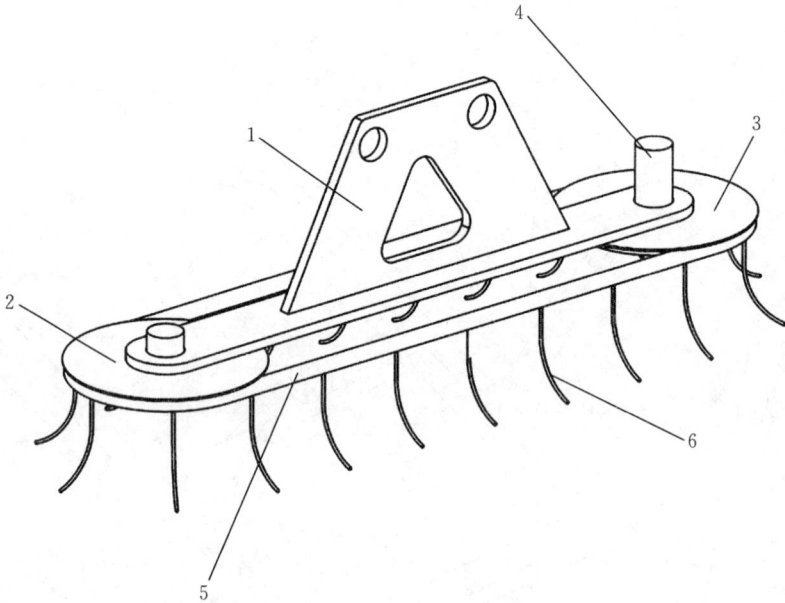

图 3-24 回转式残膜捡拾机捡拾机构
1. 捡拾机构挂架 2. 从动带轮 3. 驱动带轮 4. 驱动轴 5. 柔性连接带 6. L 形捡拾齿

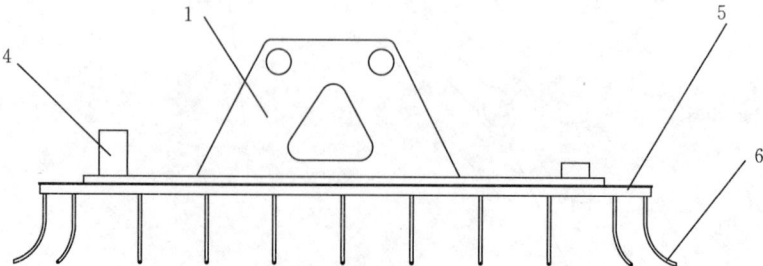

图 3-25 回转式残膜捡拾机捡拾机构正视图
1. 捡拾机构挂架 4. 驱动轴 5. 柔性连接带 6. L 形捡拾齿

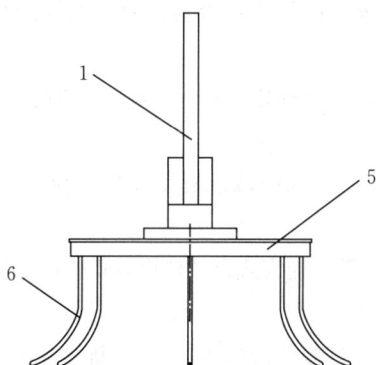

图 3 - 26 回转式残膜捡拾机捡拾机构侧视图

1. 捡拾机构挂架 5. 柔性连接带 6.L 形捡拾齿

捡拾机构挂架左右两侧各安装从动带轮和驱动带轮，驱动带轮上部安装驱动轴，驱动带轮和从动带轮通过柔性连接带连接，柔性连接带下侧安装 L 形捡拾齿。

3.15 递增式三排弹齿捡拾机构

如图 3 - 27 所示，递增式三排弹齿捡拾机构由机架、牵引挂架、短弹齿排、中等长度弹齿排及长弹齿排组成。

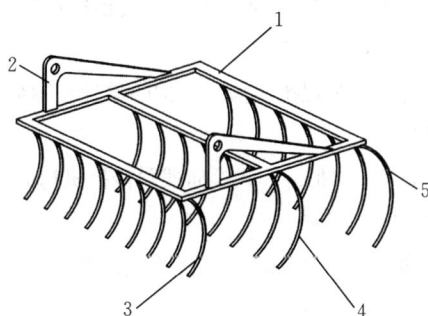

图 3 - 27 递增式三排弹齿捡拾机构

1. 机架 2. 牵引挂架 3. 短弹齿排 4. 中等长度弹齿排 5.长弹齿排

机架上侧安装牵引挂架，机架下侧前部安装短弹齿排，机架下侧中部安装中等长度弹齿排，机架下侧后部安装长弹齿排。

【本章参考文献】

[1] 张平，翟改霞，李凤鸣，等 . 农田残膜捡拾机试验研究 [J]. 农机化研究，2016 (8)：164 - 168.

[2] 皮灵杰，李映娴，李忠庆，等 . 弹齿式残膜捡拾旋耕一体机的设计 [J]. 云南农业，2022 (7)：78 - 80.

［3］杨正，王祎才，席爱学，等．高效残膜捡拾回收机的设计与试验［J］.机械研究与应用，2022，35（3）：85－91.

［4］雷明成，安世才，孟养荣，等.1FMJ－1000型残膜捡拾机的设计与试验［J］.机械研究与应用，2014，35（1）：166－169.

［5］王永北.1MFJS－250型耙齿式残膜捡拾机设计与试验［J］.机械研究与应用，2014，35（1）：166－169.

［6］王浦舟，吴雪梅，张富贵，等.梳齿式自动仿形残膜捡拾机的设计及性能试验［J］.烟草设备，2016，36（7）：56－62.

［7］邹建忠.1FMJ－2000硬茬地残膜捡拾机研究［J］.新技术，2016（5）：47－49.

［8］张建锐，孙旖彤，王建，等.残膜捡拾机滚筒结构的设计［J］.价值工程，2018，36（7）：188－189.

［9］王波，韩正晟，王松林，等.旱地全膜双垄沟残膜捡拾机的设计［J］.农机化研究，2015（7）：109－112.

［10］郭小军.残膜清理滚筒运动学、动力学、强度及优化设计［D］.乌鲁木齐：新疆大学，2005.

［11］刘进宝，郑炫，赵岩，等.新型杆齿滚筒式残膜捡拾机构的设计与试验［J］.干旱地区农业研究，2015，35（6）：300－306.

［12］靳伟，白圣贺，张学军，等.伸缩钉齿式残膜捡拾机参数优化及试验［J］.农机化研究，2022（7）：162－166.

［13］卢博友，杨青，薛少平，等.圆弧形弹齿滚筒式残膜捡拾机构设计及捡膜性能分析［J］.农机化研究，2000，16（6）：68－71.

［14］李姝卓，周勇，王昊，等.椭圆规挑膜捡拾机构的设计与参数优化［J］.中国农机化学报，2019，40（7）：185－192.

［15］孙博，曹肆林，卢勇涛，等."张持"式顺向残膜捡拾机构的设计与试验［J］.干旱地区农业研究，2020，38（5）：252－258.

［16］王志欢，毕新胜，张新超，等.挑夹式残膜捡拾输送机构的设计与研究［J］.机械设计与制造，2018（7）：26－29.

［17］王建吉，孙旖彤，弥宁，等.一种玉米地残膜捡拾机的设计与试验［J］.农机化研究，2019（7）：148－153.

［18］王海翼，李彦彬，王圆明，等.抛膜钉齿式残膜弧形起膜捡拾装置设计与田间模拟试验［J］.干旱地区农业研究，2021，39（4）：209－218.

［19］韩英杰，谢建华，杨豫新，等.钉齿滚扎式残膜回收机捡拾机构的设计与试验［J］.农机化研究，2021（7）：73－78.

［20］王昭宇，陈学庚，颜利民，等.随动式残膜回收机起膜捡拾机构设计与试验［J］.农业机械学报，2021，52（4）：80－90.

［21］白圣贺，张学军，靳伟，等.链齿式残膜回收机捡拾机构参数优化及试验［J］.农机化研究，2019（8）：136－141.

[22] 朱豪杰，杨宛章，周艳生，等 . 指盘式残膜回收机捡拾机构设计 [J]. 农业工程，2015，5 (3)：89 - 92.

[23] 谢建华，杨豫新，曹肆林，等 . 导向链耙式地表残膜回收机设计与试验 [J]. 农业工程学报，2020，36 (22)：76 - 86.

[24] 谢建华，唐炜，曹肆林，等 . 齿链复合式残膜回收设计与试验 [J]. 农业工程学报，2020，36 (1)：11 - 19.

[25] 张恩贵，王天果 . 振动筛式残膜捡拾机的设计与研究 [J]. 农机质量与监督，2016 (7)：24 - 25.

第4章　非机械捡拾机构

非机械残膜捡拾分为静电吸附式和负压捡拾式。

1. 静电吸附式　静电吸附式是在高压电极上施加高压静电，当残膜不带电荷时，残膜在高压静电场的作用下，产生极化效应，在靠近高压电极的一面产生极性相反的极化电荷，通过电荷间库仑力的相互作用，会产生吸附力。或者当残膜带有与高压电极相反的电荷时，薄膜所带电荷就会在高压电极产生的电场中受到电场力的作用，达到吸附的效果[1-2]。

西南林业大学研制了一款残膜静电回收装置[3]。该装置主要由捡拾装置、输送装置、传动装置、PVC滚筒、PVC滚筒支架、弹簧、残膜收集槽、摩擦毛毡及台架等工作部件组成，由电机提供动力。工作时，捡拾装置转动，弹齿勾住残膜，旋转1周后，将残膜勾放到输送装置上，输送装置通过电机带动将残膜向上输送；摩擦毛毡通过压缩弹簧作用紧压在PVC滚筒表面，滚筒转动时，与摩擦毛毡摩擦起电产生电场；当残膜输送到PVC滚筒产生的场强中时，受电场吸引力作用，残膜被吸附到滚筒表面，转动1周落入残膜收集槽内。该研究在残膜静电回收装置上完成了单因素和多因素试验，以残膜吸附率为判别指标，证明了装置设计的合理性，为后续的改进工作奠定了基础。

石河子大学机械电气工程学院和新疆农垦科学院设计了籽棉残膜静电分离装置[4]。该装置主要由外机架、喂料口、上极板、极板间距调节装置、传动装置、残膜回收箱、籽棉收集箱组成。其中，输送带采用铁质网状结构。当分离过程进行时，将机架以及籽棉收集箱接上地线，直流负高压电源接在上极板上，带残膜的籽棉由喂料口均匀喂入，尽量使带残膜的籽棉呈单层排列在输送带上，随着输送带的移动，进入高压静电场区域。在静电场区域内，残膜带负电荷在到达输送带末端时，籽棉因其所受电场吸附力远小于离心力和重力而落入籽棉收集箱，残膜因其所受电场吸附力大于所受离心力和重力而吸附在输送带上，最后由装置所带的毛刷刷下，落入残膜回收箱内。

塔里木大学机械电气化工程学院为了解决新疆棉田残膜回收的难题，研究了在高压静电场条件下，极板间距、残膜面积对残膜-土壤静电分离的装置，提出静电吸附回收残膜的思路，并研究在高压静电场条件下，极板间距和残膜面积对残膜吸附效率及对应电场强度的影响规律。研究结果表明，残膜的吸附效率随极板高度增大的拟合曲线为一次线性方程，拟合度较好，吸附效率最高达 96.67%；残膜面积的大小对吸附效率有影响，当残膜面积为 16 cm² 时，吸附效率为 83.33%～96.67%；经对比试验，当残膜面积为 4.9 cm² 时，有土条件下的吸附效率比无土条件下的吸附效率高；下极板有土条件下相对无土条件下吸附高度为 6～10 cm，吸附效率最高所对应的电场强度不随残膜面积大小改变，即不同面积残膜的吸附电场强度比较稳定。因此，残留地膜用静电吸附方法分离可行，研究结果对研究新型静电吸附残膜回收机提供了理论依据和参考数据[5]。

华中农业大学工学院提出一种基于静电吸附方法分级去除机采棉中残地膜的方法，以新疆阿拉尔地区种植的新陆早 26 号机采棉为研究对象，根据机采棉中残地膜曲直形态与荷电极化程度存在一定的相关性，利用图像处理提取机采棉中各种残地膜杂质特征并进行聚类算法分级，将残地膜分成Ⅰ、Ⅱ、Ⅲ等级。搭建静电吸附分离平台，对掺有不同等级残地膜的机采棉进行不同荷电时间、飞入速度、极板电压下的试验，以除杂率为测定指标，找出对应级别残地膜的最佳参数组合，以期达到残地膜杂质与机采棉的分离最大化。田间试验结果表明，对除杂率影响显著的因素由大到小为飞入速度、荷电时间、极板电压。掺有Ⅰ级残地膜的机采棉除杂最佳荷电时间为 248 s，飞入速度为 4.7 m/s，极板电压为 39 kV，分离率为 96.2%；Ⅱ级最佳荷电时间为 298 s，飞入速度为 5.8 m/s，极板电压为 37.6 kV，分离率为 98.1%；Ⅲ级最佳荷电时间为 30.1 s，飞入速度为 3.5 m/s，极板电压为 46.2 kV，分离率为 97.2%。研究结果表明，基于静电吸附分级去除残地膜的方法可行，能够满足实际生产需要。

东北农业大学电气与信息学院研究了高压静电场对残留地膜吸附的影响，即在电场力作用下，残留地膜将会沿电场的方向移动产生静电吸附现象，而后将吸附残膜的高度和吸附所需的最大静电电压值的关系进行回归分析，并合理地预测模型；在 matlab 下进行曲线拟合。最后，得出二者之间的函数关系式，为准确地预测在不同高度下对残留地膜的吸附所需要的电压提供了有利的数据。

2. 负压捡拾式 负压捡拾又称为气吸式捡拾，其工作原理与吸尘器类似，主要利用风扇形成负压来吸取已经破碎的残膜。

昆明理工大学科技产业公司和云南省烟草公司曲靖市公司针对云南烟区地形复杂、土壤差异大的特性，创新性地设计一款烟田残膜捡拾机[6]，将一定深度土层内部的所有物料进行统一提升和分类，通过建立一个可控的风场对物料进行选择，将不同物料通过不同的速度进行筛分，从而实现既捡拾地表的残膜，又捡拾地表以下一定深度土壤里的各种残膜。该机型主要包括取土机构、风选动力和控制系统、风力发生系统等。该残膜捡拾机质量在 500 kg 左右。田间作业时，配套 36.8 kW

（50 hp）以上的拖拉机，并与拖拉机后部的三点悬挂连接，由拖拉机提供行进动力和对土壤进行处理的动力。另有一套发电设备和控制系统，为风机提供动力和自动控制，使风力能协同取土机构工作。作业幅宽为 1 m，工作深度为 0～30 cm，作业效率≥0.133 hm²/h。作业时，起膜铲将含有残膜的土壤与地面剥离后移送到输送网带上，输送网带一边向后输送土壤，一边在抖动块的作用下上下抖动，将土壤抛向空中并疏松，增大土壤间隙，使空气进入其中。当残膜和土壤、杂物被一起抛掷到最高点后，由于它们的悬浮系数差异，质量较大的土壤和杂物下落比残膜要快，该过程重复多次后，残膜逐渐筛选到土壤和杂物的上面，输送网带上方设有一套搅拌刀具，不但对夹带着残膜的土垡做进一步破碎，而且将土壤再次上抛，使分离作用更加充分。输送网带后面的下方设有一套气流喷射装置，向上喷射气流，使碎膜加速上升，进一步增强浮选的作用力。搅拌刀具前方设有一套鼓风机，向后吹气，将已经分离出来的残膜送入后方收集箱中。完成筛选的土壤和杂物随着输送网带继续向后移动，直到落回农田。田间试验结果表明，其碎膜捡拾率≥90％，整膜捡拾率≥90％。该机型结构简单、便于操作，对于改善烟田生态环境具有积极意义。

克拉玛依五五机械制造有限责任公司设计了一种导轨式地表残膜捡拾机[7]。该机型由机架、传动机构、隔行罩、曲柄式捡膜杆齿、滚筒、导轨、叶轮罩壳、脱膜叶轮、限深轮、残膜箱行走万向轮组成。其特征：导轨安装在机架上，滚筒通过轴承安装在机架上，滚筒轴位于导轨内部，曲柄式捡膜杆齿通过轴承安装在滚筒上，曲柄式捡膜杆齿上的滑道轴承位于导轨的滑槽内，叶轮罩壳罩在脱膜叶轮上面，滚筒的旋转方向与脱膜叶轮的旋转方向相同，限深轮安装在机架上、位于滚筒的后面或前面，残膜箱安装在机架后部，可升降的行走万向轮位于机架两侧。工作时，机具悬挂于拖拉机后侧，在地头对准棉株行距后，先提升行走万向轮至最高点，拖拉机悬挂放下使得限深轮触地。拖拉机连接后传动，通过传动机构带动滚筒和曲柄捡拾机构、脱膜叶轮等工作部件运转。此时，农机手通过调整后悬挂升降来控制曲柄捡拾机构上的杆齿入土深度，并固定后悬挂操作手柄位置。此时，拖拉机开始回收残膜，首先棉株通过隔行罩入口被顺压在隔行罩内，实现棉株与残膜的分离，后续曲柄捡拾机构上的杆齿将残膜挑起并向上输送至脱膜叶轮处。在残膜回收上升过程中，残渣掉落并与残膜分离。当残膜输送至脱膜叶轮处，曲柄捡拾机构上的杆齿沿轨道方向倒伏与脱膜叶轮旋转相切，脱膜叶轮高速旋转产生气力和机械力，捡膜杆齿上的残膜在机械力和风力的共同作用下带离检膜杆齿并在叶轮罩壳的导流下落入残膜箱中。待残膜箱集满残膜后，先提升拖拉机后悬挂，再操控液压将行走万向轮下降至最低点，将残膜运至地头集中倾卸或运至运输车直接倾卸在车内。试验表明，该机型工作稳定可靠、适应性强，解决了残膜机机构复杂、成本高、残膜易缠绕工作部件造成故障、影响残膜回收机械工作效率的问题。

石河子大学机械电气工程学院和新疆农垦科学院机械装备研究所为防止残膜二次缠绕，以提高脱膜的可靠性，研究并设计一种夹持输送式农田残膜捡拾机构与气力脱膜机构相结合的新型残膜捡拾机[8]。该机型主要由秸秆粉碎和膜秆分离装置、夹持输送装置、脱膜装置、残膜收集箱等部件组成。其中，夹持输送装置由起膜齿、输送带、输送链、夹持板组成；脱膜装置由脱膜风机、输送风道及气流出口等组成。夹持输送式残膜回收机前部安装的变速箱与拖拉机后动力输出轴联结，再由变速箱分配动力带动秸秆切碎装置和残膜回收装置工作，残膜回收装置的夹持板与输送带同时向后运动，但两者之间存在速度差。整机工作时，由秸秆粉碎和膜秆分离装置先将地表秸秆粉碎输送至机具后侧，清除秸秆后的地表更有利于残膜回收；再由残膜回收装置的起膜齿将残膜从地表铲起，转动的夹持板将起离地面的残膜向输送带刮送，随着夹持板与输送带的运动，残膜被夹在夹持板与输送带之间，并沿着输送带向上输送，当残膜输送至残膜箱上部气流出口处时，在气力作用下，残膜与加持输送装置分离，由残膜回收箱收集。部分被夹持板刮起的土壤及秸秆由输送带间隙落入地表；另一部分在随残膜向后输送的过程中，由夹持板搅动残膜，残膜中夹杂的杂物在自身重力作用下从输送带间隙落下，进行二次分离，有效提高了膜杂分离率及工作效率。

山东省农业机械科学研究院针对现有残膜回收机捡拾率低且回收后的残膜中含有大量碎土块、秸秆等杂质的问题，通过增设割膜装置、吸膜除杂装置、集膜装置，研制了一种气吸式残膜回收除杂一体机[9]。该机型主要由悬挂装置、机架、秸秆粉碎还田装置、割膜装置、传动装置、行走装置、起膜装置、输膜装置、镇压装置、盖板、脱膜装置、吸膜除杂装置、集膜装置等组成。工作时，拖拉机经悬挂机构将动力传递给气吸式残膜回收除杂一体机，首先利用秸秆粉碎还田装置将作物秸秆打碎进行回收，之后利用割膜装置将大片的地膜切成小片，便于后续的残膜捡拾以及膜杂分离。被切割成片状的残膜及部分秸秆杂质在捡拾弹齿的作用下被挑起并源源不断地被输膜链耙送往脱膜装置，然后在脱膜装置的作用下膜杂混合物从弹齿上脱落，在下落的过程中，由于膜杂混合物中残膜和秸秆等杂质在空气介质中的沉降规律不同，在吸膜除杂装置的作用下，产生一个大于残膜悬浮速度而小于棉秆等杂质悬浮速度的气流速度，残膜会被离心风机产生的负压吸走，经离心风机及风管进入集膜装置，而秸秆等杂质会掉落在杂质输送带上，从而完成残膜的捡拾和分离工作。实地试验验证，当弹齿链转速为 225 r/min、样机前进速度为 5 km/h、离心风机转速为 1 900 r/min 时，样机捡拾作业后残膜捡拾率为 91.6%，残膜含杂率为 10.5%，可为残膜回收相关设备的研发提供参考。

新疆农业大学研究设计了主要针对往年陈膜和碎膜的新型气吹式春播前残膜回收机[10]。该机型由工作部件、机架、收膜箱、风机、行走轮及传动机构等组成。主要工作部件包括捡膜辊部件、风机吹送部件、输送风道等。当残膜回收机工作时，先由捡膜辊将残膜捡起，使残膜脱离地面，再由风机鼓风，通过气流吹送到输送风道，悬浮的残膜沿风道经出口进入收膜箱的网袋中。收满的网袋扎口，卸下放在地头。

4.1　静电吸附式残膜捡拾机分离辊

如图 4-1 所示，静电吸附式残膜捡拾机分离辊由辊体、金属刷毛、滑块、接地导线及滑槽组成。

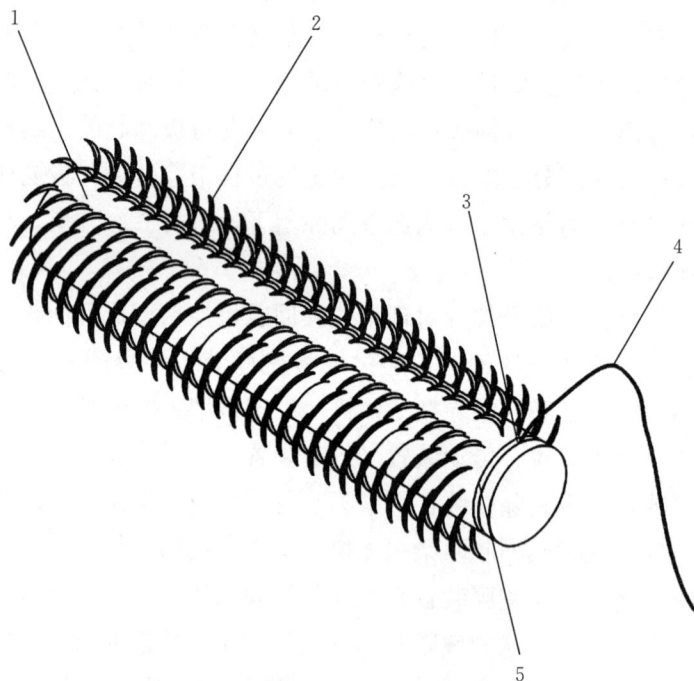

图 4-1　静电吸附式残膜捡拾机分离辊结构
1. 辊体　2. 金属刷毛　3. 滑块　4. 接地导线　5. 滑槽

静电吸附式残膜捡拾机分离辊是静电吸附式残膜捡拾机的核心机构，辊体外圆表面安装金属刷毛，辊体一侧设置有滑槽，滑槽内部安装滑块，滑块连接接地导线。金属刷毛有两个作用：一是通过接触将静电吸附带上的电荷分别经辊体、滑槽、滑块以及接地导线导入大地；二是将静电吸附带上的残膜碎片从吸附带扫落，实现分离。

4.2　静电吸附式残膜捡拾机粉碎扬尘辊

如图4-2所示，静电吸附式残膜捡拾机粉碎扬尘辊由辊体、弧形破膜齿和方形叶片组成。

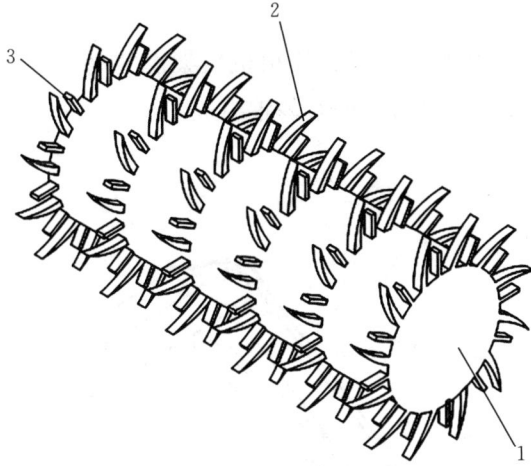

图4-2　静电吸附式残膜捡拾机粉碎扬尘辊结构
1. 辊体　2. 弧形破膜齿　3. 方形叶片

静电吸附式残膜捡拾机粉碎扬尘辊辊体外圆表面安装弧形破膜齿，弧形破膜齿后侧安装方形叶片。

4.3　残膜捡拾机间歇式静电吸附带

如图4-3所示，残膜捡拾机间歇式静电吸附带由绝缘连接绳和柔性静电吸附带组成。

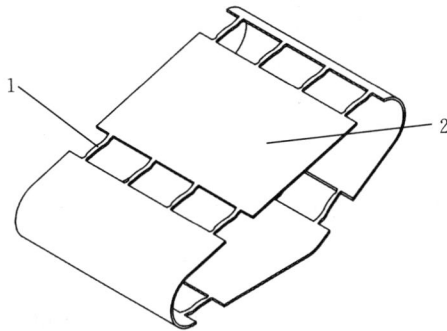

图4-3　残膜捡拾机间歇式静电吸附带结构
1. 绝缘连接绳　2. 柔性静电吸附带

残膜捡拾机间歇式静电吸附带绝缘连接绳与柔性静电吸附带交替连接形成环带。本设计的有益效果是结构紧凑、制造更换方便、可靠性高、造价低廉，满足了静电式残膜捡拾机间歇吸附残膜碎片的功能需求。

4.4 静电吸附式残膜捡拾机机架

如图 4-4 所示，静电吸附式残膜捡拾机机架由"马"字形机架、静电吸附带安装轴、分离辊安装轴及粉碎扬尘辊安装轴组成。

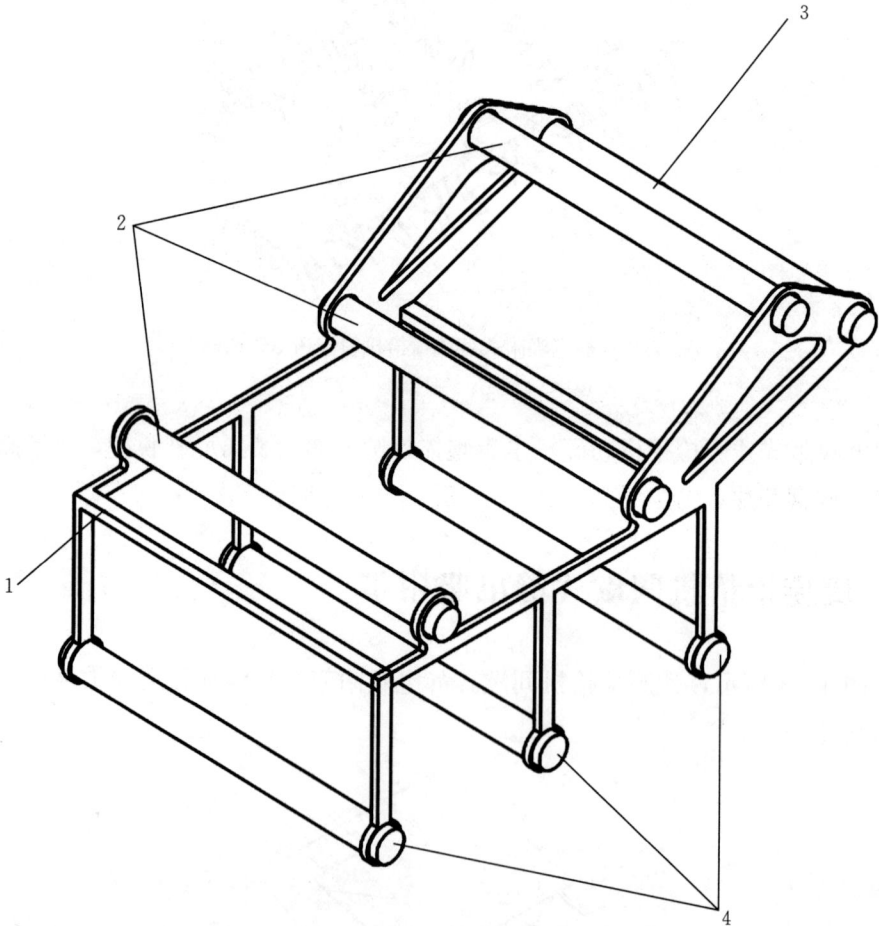

图 4-4 静电吸附式残膜捡拾机机架结构
1."马"字形机架 2.静电吸附带安装轴 3.分离辊安装轴 4.粉碎扬尘辊安装轴

静电吸附式残膜捡拾机机架中"马"字形机架下部设置有粉碎扬尘辊安装轴，"马"字形机架背部设置有静电吸附带安装轴，"马"字形机架前部设置有分离辊安装轴。

4.5 滚动耙式残膜负压收集装置

如图4-5和图4-6所示，滚动耙式残膜负压收集装置由吸风机、半封闭式集膜壳、驱动轴、划齿及划齿辊组成。

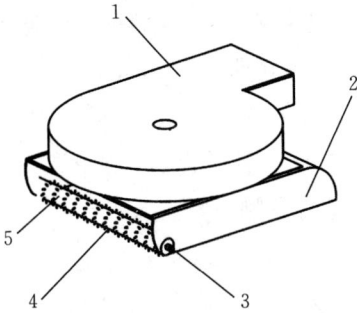

图4-5 滚动耙式残膜负压收集装置结构
1. 吸风机 2. 半封闭式集膜壳
3. 驱动轴 4. 划齿 5. 划齿辊

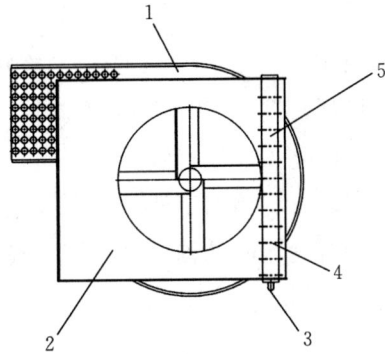

图4-6 滚动耙式残膜负压收集装置俯视图
1. 吸风机 2. 半封闭式集膜壳 3. 驱动轴
4. 划齿 5. 划齿辊

吸风机安装在半封闭式集膜壳上部，半封闭式集膜壳下部开口，半封闭式集膜壳前侧安装划齿辊，划齿辊一侧安装驱动轴，划齿辊表面安装有划齿。本设计的结构相对简单、可靠性高、经济耐用，划齿辊转动虽需要外部动力，但对残膜的破碎效果好，吸风机易于吸起残膜，满足了田地残膜负压捡拾的功能需求。

4.6 固定耙式残膜负压收集器

如图4-7和图4 8所示，固定耙式残膜负压收集器由吸风机、半封闭式集膜壳及固定耙齿组成。

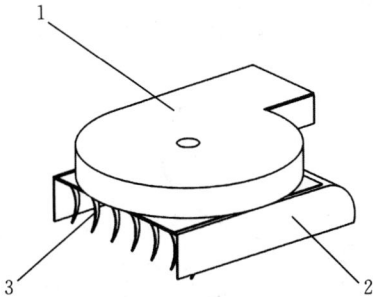

图4-7 固定耙式残膜负压收集器结构
1. 吸风机 2. 半封闭式集膜壳 3. 固定耙齿

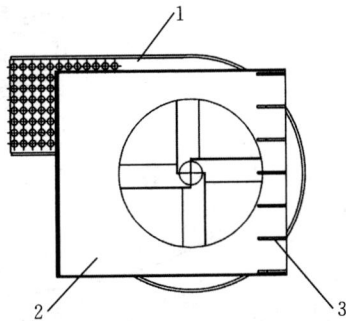

图4-8 固定耙式残膜负压收集器俯视图
1. 吸风机 2. 半封闭式集膜壳 3. 固定耙齿

吸风机安装在半封闭式集膜壳上部，半封闭式集膜壳下部开口，半封闭式集膜壳前侧安装一排固定耙齿。此装置可将地膜划破，并将残破的地膜从地表吸入残膜箱中。本设计中固定耙齿不需要外部动力，满足了田地残膜负压捡拾的功能需求。

4.7 旋转式残膜负压收集装置

如图 4-9 至图 4-11 所示，旋转式残膜负压收集装置由碗形机壳、吸风机安装口、吊耳、划齿、"十"字形旋翼、旋翼固定架及旋转驱动轴组成。

碗形机壳顶部设有吸风机安装口，碗形机壳中部外侧焊接有吊耳，碗形机壳中部内侧安装有旋翼固定架，旋翼固定架下端安装"十"字形旋翼，"十"字形旋翼中间设置有旋转驱动轴，划齿安装在"十"字形旋翼下侧。

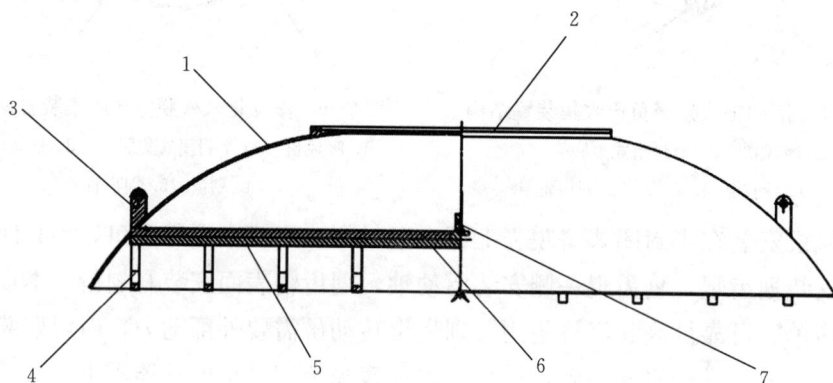

图 4-9 旋转式残膜负压收集装置结构

1. 碗形机壳 2. 吸风机安装口 3. 吊耳 4. 划齿 5. "十"字形旋翼 6. 旋翼固定架 7. 旋转驱动轴

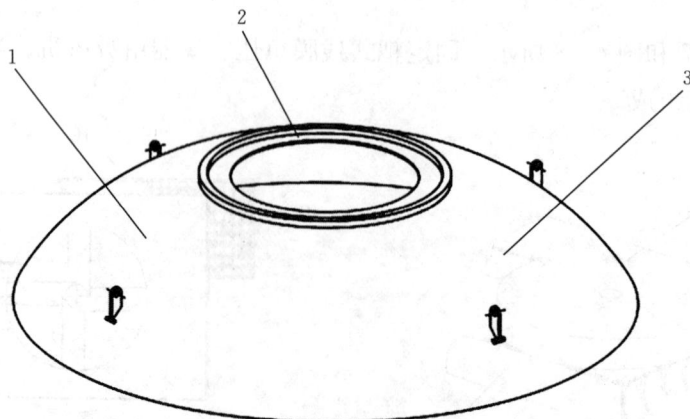

图 4-10 旋转式残膜负压收集装置碗形机壳结构

1. 碗形机壳 2. 吸风机安装口 3. 吊耳

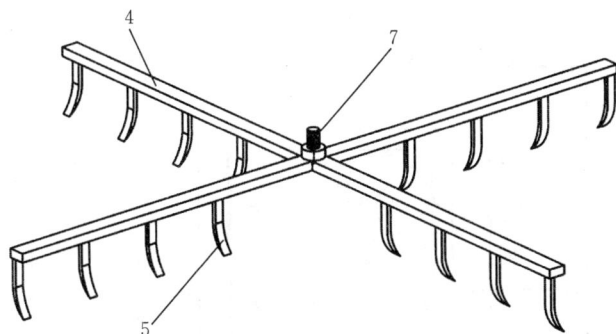

图 4-11　旋转式残膜负压收集装置"十"字形旋翼结构

4. 划齿　5. "十"字形旋翼　7. 旋转驱动轴

固定耙式残膜负压收集器、滚动耙式残膜负压收集装置和旋转式残膜负压收集装置适用范围广泛,不仅可以安装在自行式残膜捡拾的机腹部,还可以挂装在拖拉机后部,以及利用专门的支架结构安装在拖拉机前部。这 3 种残膜收集装备的工作面不仅仅是正对耕地,还可以与耕地呈一定倾角进行残膜捡拾,尤其是旋转式残膜负压收集装置,其与地面倾角理论上能达到 90°,不仅可以捡拾地面上的残膜,还可以捡拾低矮树丛中的残膜。

4.8　气吸式残膜回收装置

如图 4-12 和图 4-13 所示,气吸式残膜回收装置由集膜室、滤膜网、风机安装口、卸膜挡板、安装架及吸膜口组成。

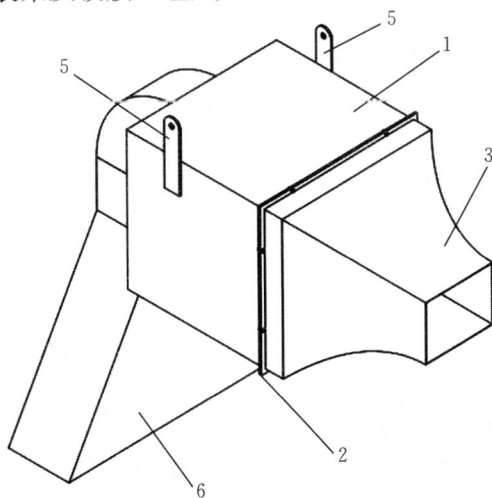

图 4-12　气吸式残膜回收装置结构

1. 集膜室　2. 滤膜网　3. 风机安装口　5. 安装架　6. 吸膜口

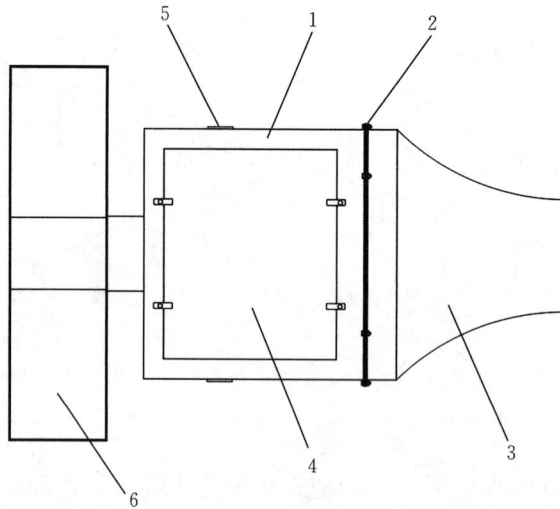

图 4-13　气吸式残膜回收装置俯视图

1. 集膜室　2. 滤膜网　3. 风机安装口　4. 卸膜挡板　5. 安装架　6. 吸膜口

集膜室后侧设置有滤膜网，滤膜网外部安装有风机安装口，集膜室前部设置有吸膜口，集膜室两侧设置有安装架，集膜室底部设置有卸膜挡板。

4.9　固定软舌剥离式负压残膜捡拾机构

如图 4-14 至图 4-17 所示，固定软舌剥离式负压残膜捡拾机构由负压吸风机、固定导气箱及脱膜软刷组成。

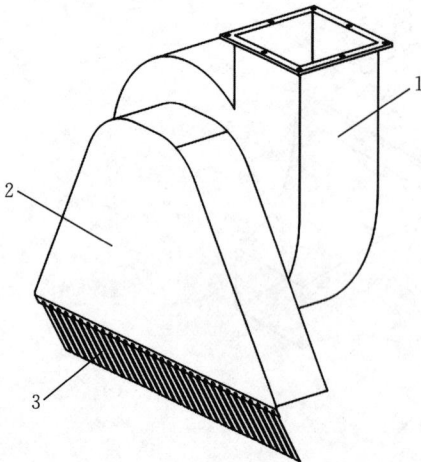

图 4-14　固定软舌剥离式负压残膜捡拾机构

1. 负压吸风机　2. 固定导气箱　3. 脱膜软刷

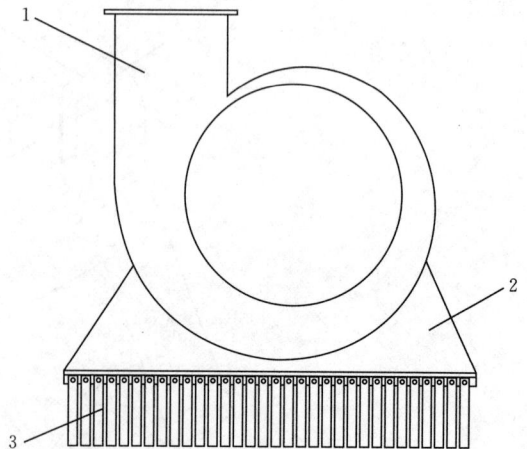

图 4-15　固定软舌剥离式负压残膜捡拾机构前视图

1. 负压吸风机　2. 固定导气箱　3. 脱膜软刷

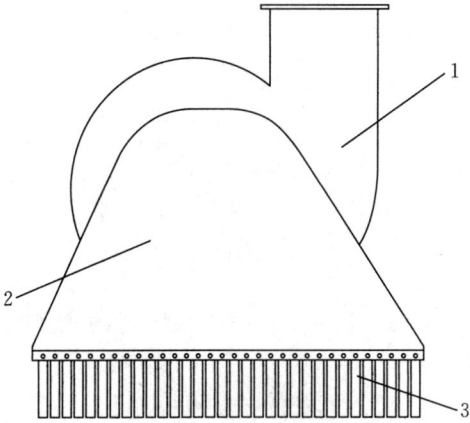

图 4-16　固定软舌剥离式负压残膜　　　图 4-17　固定软舌剥离式负压残膜捡
捡拾机构后视图　　　　　　　　　　拾机构侧视图

1. 负压吸风机　2. 固定导气箱　3. 脱膜软刷　　　1. 负压吸风机　2. 固定导气箱　3. 脱膜软刷

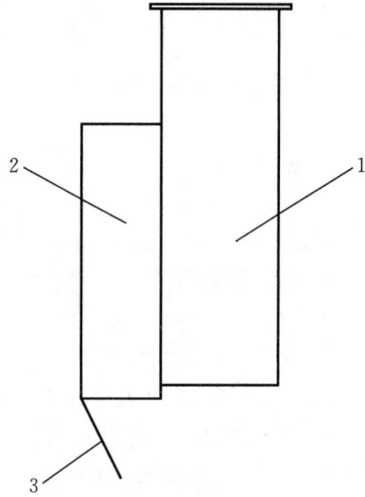

　　负压吸风机吸入口处安装固定导气箱，固定导气箱入口一侧安装脱膜软刷。本
设计的有益效果是安装方便、结构简单、造价低廉、可靠性强，脱膜软刷可将缠绕
在弹齿上的残膜剥离，满足了负压式残膜捡拾机捡拾残膜的功能需求。

4.10　固定长舌式负压残膜捡拾机构

　　如图 4-18 至图 4-21 所示，固定长舌式负压残膜捡拾机构由负压吸风机、固
定导气箱及弧形收膜挡板组成。

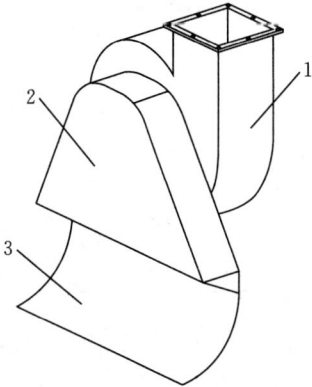

图 4-18　固定长舌式负压残膜捡拾机构　　图 4-19　固定长舌式负压残膜捡拾机构前视图

1. 负压吸风机　2. 固定导气箱　　　　　1. 负压吸风机　2. 固定导气箱
3. 弧形收膜挡板　　　　　　　　　　　3. 弧形收膜挡板

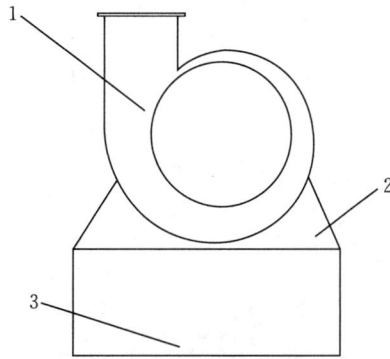

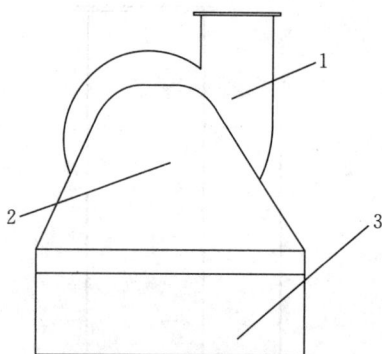

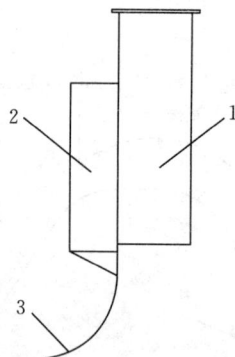

图 4-20 固定长舌式负压残膜捡拾机构后视图 图 4-21 固定长舌式负压残膜捡拾机构侧视图
　　1. 负压吸风机　2. 固定导气箱　　　　　　1. 负压吸风机　2. 固定导气箱
　　　　　3. 弧形收膜挡板　　　　　　　　　　　3. 弧形收膜挡板

　　负压吸风机吸入口处安装固定导气箱，固定导气箱入口一侧安装弧形收膜挡板。本设计的有益效果是安装方便、结构简单、造价低廉、可靠性强，弧形收膜挡板可增加吸风机对残膜、秸秆以及尘土的吸取范围，满足了负压式残膜捡拾机捡拾残膜的功能需求。

4.11　旋转平头式负压残膜捡拾机构

　　如图 4-22 至图 4-25 所示，旋转平头式负压残膜捡拾机构由负压吸风机、圆柱形导气筒及漏斗形平头旋转吸口组成。

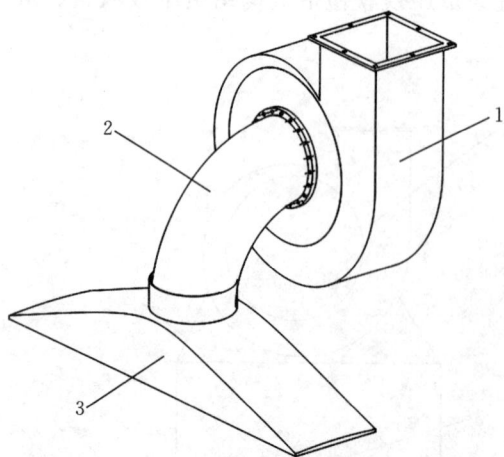

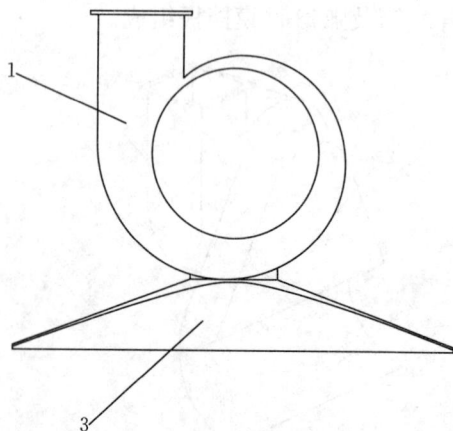

图 4-22　旋转平头式负压残膜捡拾机构　　图 4-23　旋转平头式负压残膜捡拾机构前视图
　　1. 负压吸风机　2. 圆柱形导气筒　　　　1. 负压吸风机　3. 漏斗形平头旋转吸口
　　　　　3. 漏斗形平头旋转吸口

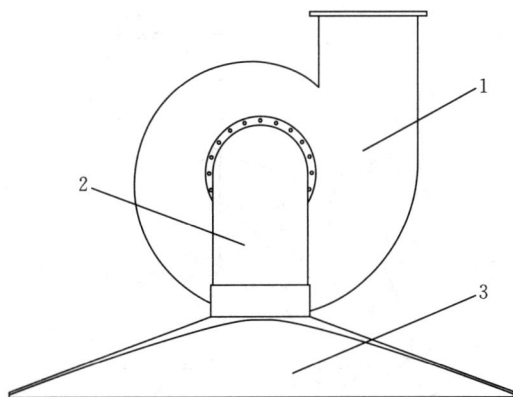

图 4 - 24　旋转平头式负压残膜捡拾机构后视图

1. 负压吸风机　2. 圆柱形导气筒

3. 漏斗形平头旋转吸口

图 4 - 25　旋转平头式负压残膜捡拾机构侧视图

1. 负压吸风机　2. 圆柱形导气筒

3. 漏斗形平头旋转吸口

　　负压吸风机吸入口处安装圆柱形导气筒，圆柱形导气筒入口处安装漏斗形平头旋转吸口。本设计的有益效果是安装方便、结构简单、可靠性强，布局灵活，漏斗形平头旋转吸口能够进行360°旋转，满足了负压式残膜捡拾机捡拾残膜的功能需求。

4.12　旋转软舌剥离式负压残膜捡拾机构

　　如图 4 - 26 至图 4 - 29 所示，旋转软舌剥离式负压残膜捡拾机构由负压吸风机、圆柱形导气筒、漏斗形平头旋转吸口及脱膜软刷组成。

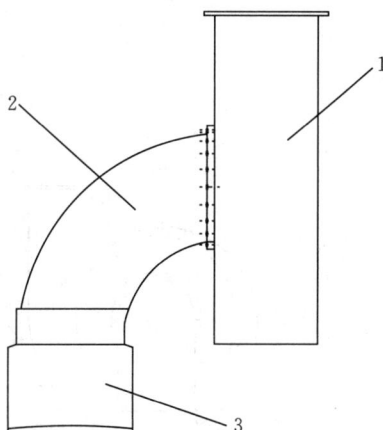

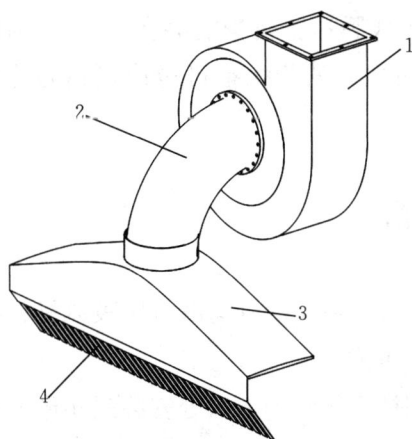

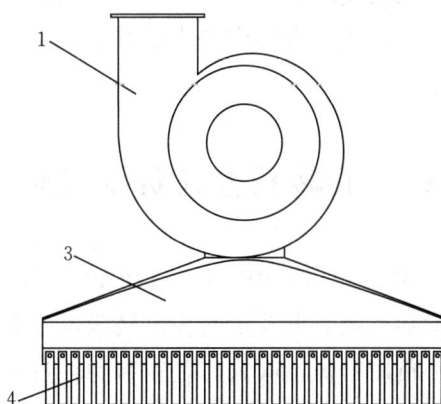

图 4 - 26　旋转软舌剥离式负压
残膜捡拾机构

1. 负压吸风机　2. 圆柱形导气筒

3. 漏斗形平头旋转吸口　4. 脱膜软刷

图 4 - 27　旋转软舌剥离式负压残膜
捡拾机构前视图

1. 负压吸风机　3. 漏斗形平头旋转吸口

4. 脱膜软刷

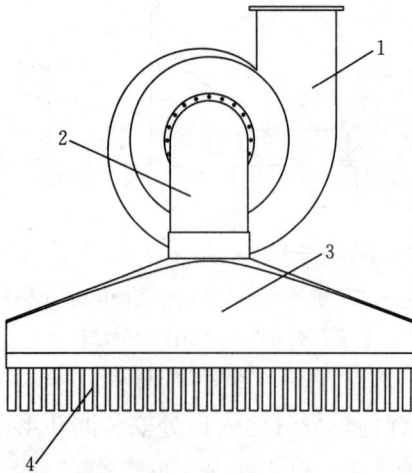

图 4-28 旋转软舌剥离式负压残膜
捡拾机构后视图
1. 负压吸风机 2. 圆柱形导气筒
3. 漏斗形平头旋转吸口 4. 脱膜软刷

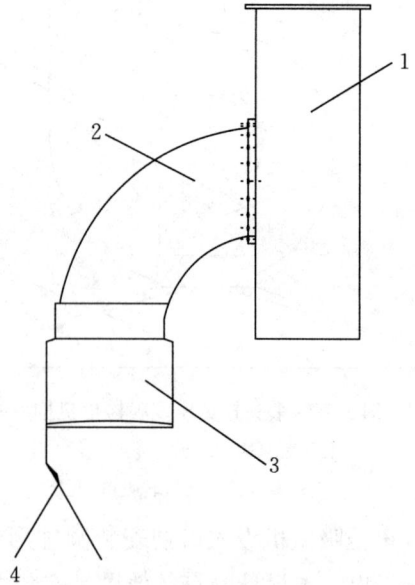

图 4-29 旋转软舌剥离式负压残膜
捡拾机构侧视图
1. 负压吸风机 2. 圆柱形导气筒
3. 漏斗形平头旋转吸口 4. 脱膜软刷

负压吸风机吸入口处安装圆柱形导气筒，圆柱形导气筒入口处安装漏斗形平头旋转吸口，漏斗形平头旋转吸口一侧安装脱膜软刷。本设计的有益效果是安装方便、结构简单、可靠性强，旋转软舌剥离式负压残膜捡拾机构能够在±30°范围内旋转，特别适合湿度较大的耕地捡拾，满足了负压式残膜捡拾机捡拾残膜的功能需求。

4.13 旋转长舌式负压残膜捡拾机构

如图 4-30 至图 4-33 所示，旋转长舌式负压残膜捡拾机构由负压吸风机、圆柱形导气筒、漏斗形平头旋转吸口及弧形收膜板组成。

负压吸风机吸入口处安装圆柱形导气筒，圆柱形导气筒入口处安装漏斗形平头旋转吸口，漏斗形平头旋转吸口一侧安装弧形收膜板。本设计的有益效果是安装方便、结构简单、可靠性强，旋转长舌式负压残膜捡拾机构能够在±30°范围内旋转，特别适合干燥或微沙化的耕地捡拾，满足了负压式残膜捡拾机捡拾残膜的功能需求。

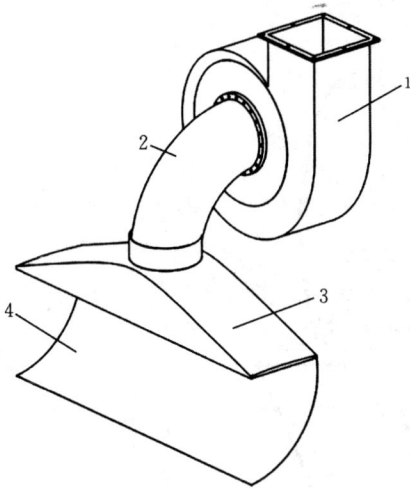

图 4-30 旋转长舌式负压残膜捡拾机构
1. 负压吸风机 2. 圆柱形导气筒
3. 漏斗形平头旋转吸口 4. 弧形收膜板

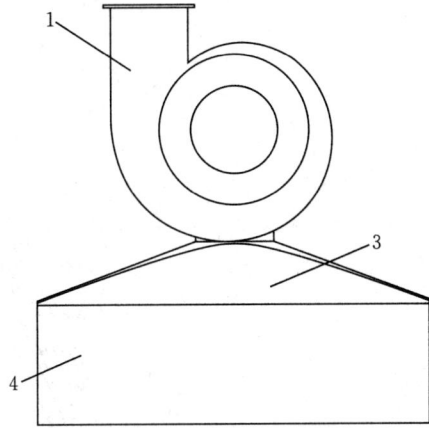

图 4-31 旋转长舌式负压残膜捡拾机构前视图
1. 负压吸风机 3. 漏斗形平头旋转吸口
4. 弧形收膜板

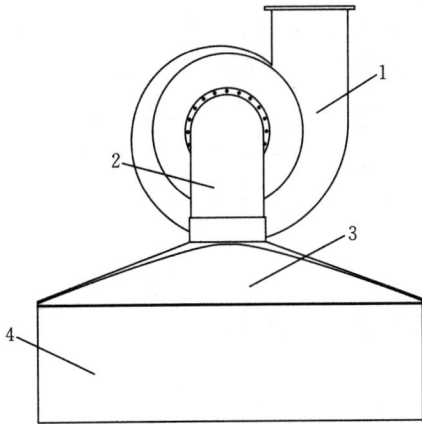

图 4-32 旋转长舌式负压残膜捡拾机构后视图
1. 负压吸风机 2. 圆柱形导气筒
3. 漏斗形平头旋转吸口 4. 弧形收膜板

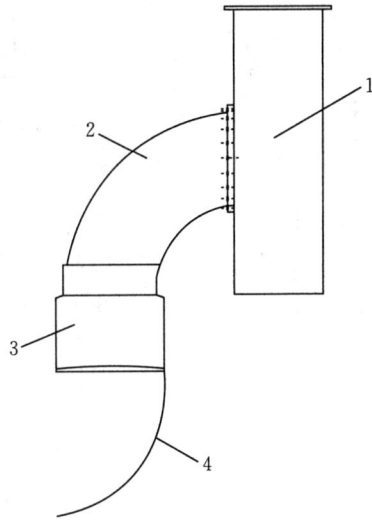

图 4-33 旋转长舌式负压残膜捡拾机构侧视图
1. 负压吸风机 2. 圆柱形导气筒
3. 漏斗形平头旋转吸口 4. 弧形收膜板

4.14 非垄向可调式残膜负压吸入风箱机构

如图 4-34 至图 4-37 所示,非垄向可调式残膜负压吸入风箱机构由风箱、长方形伸缩软管、喇叭形吸入口、圆形出口及吸入口调向机构组成。

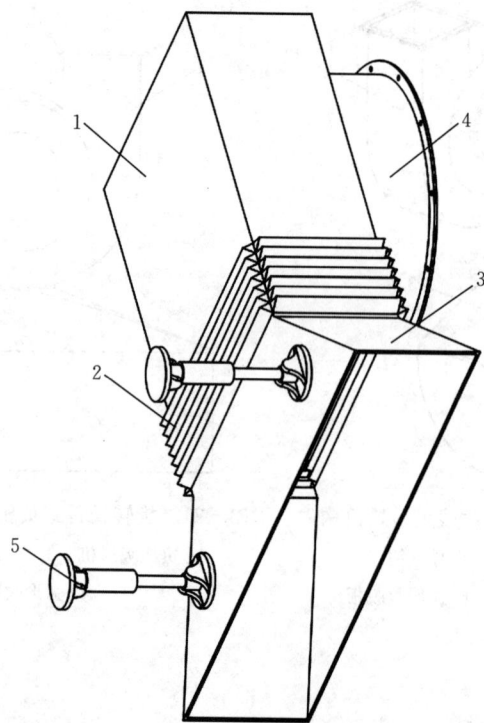

图 4 - 34　非垄向可调式残膜负压吸入风箱机构
1. 风箱　2. 长方形伸缩软管　3. 喇叭形吸入口　4. 圆形出口　5. 吸入口调向机构

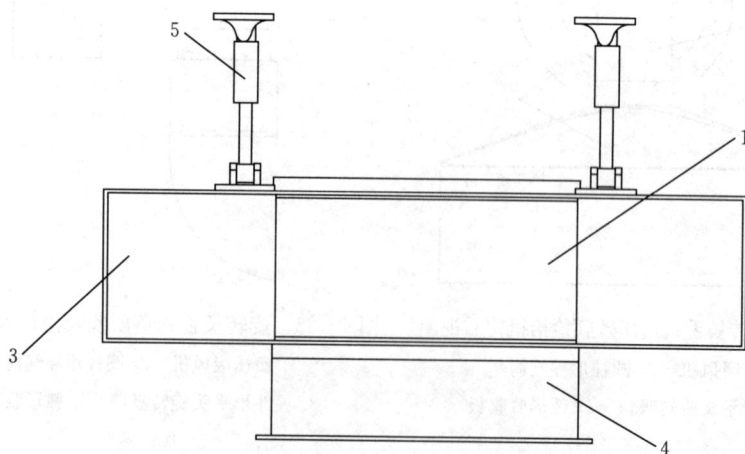

图 4 - 35　非垄向可调式残膜负压吸入风箱机构俯视图
1. 风箱　3. 喇叭形吸入口　4. 圆形出口　5. 吸入口调向机构

　　风箱下部安装长方形伸缩软管，长方形伸缩软管下部连接喇叭形吸入口，喇叭形吸入口侧面设置有吸入口调向机构，风箱中部侧面安装圆形出口。本设计的有益

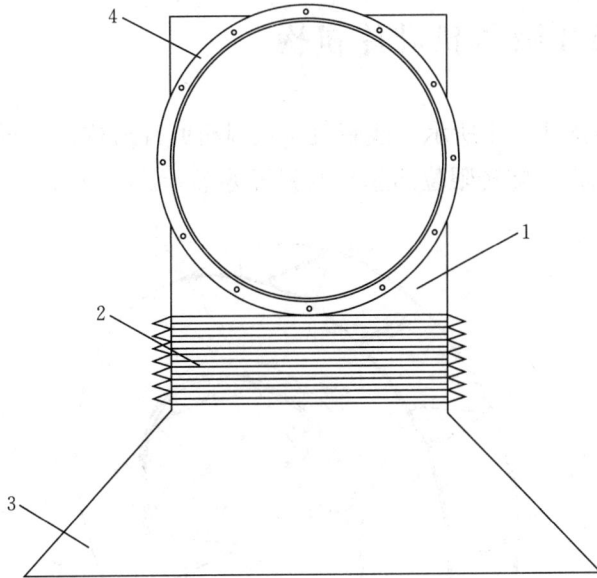

图 4-36　非垄向可调式残膜负压吸入风箱机构前视图

1. 风箱　2. 长方形伸缩软管　3. 喇叭形吸入口　4. 圆形出口

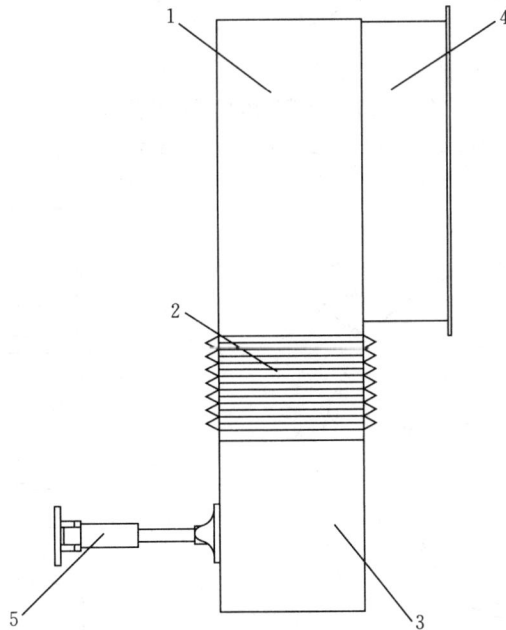

图 4-37　非垄向可调式残膜负压吸入风箱机构侧视图

1. 风箱　2. 长方形伸缩软管　3. 喇叭形吸入口　4. 圆形出口　5. 吸入口调向机构

效果是结构紧凑、可靠性强、制造方便，此装置是非垄向残膜捡拾机的重要组成部分，满足了非垄向残膜捡拾机捡拾口调向的功能需求。

4.15　残膜负压吸风机叶片机构

如图 4-38 至图 4-41 所示，残膜负压吸风机叶片机构由圆形后挡板、驱动轴安装口、环形前挡板、旋转限位凸起环及斜置方形叶片组成。

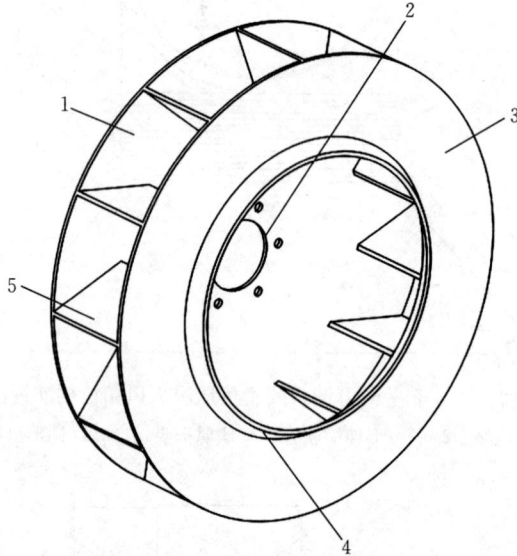

图 4-38　残膜负压吸风机叶片机构

1. 圆形后挡板　2. 驱动轴安装口　3. 环形前挡板　4. 旋转限位凸起环　5. 斜置方形叶片

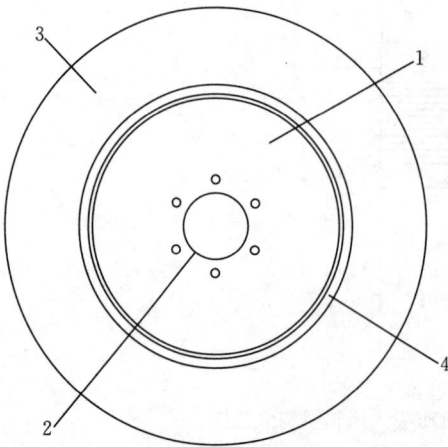

图 4-39　残膜负压吸风机叶片机构前视图

1. 圆形后挡板　2. 驱动轴安装口
3. 环形前挡板　4. 旋转限位凸起环

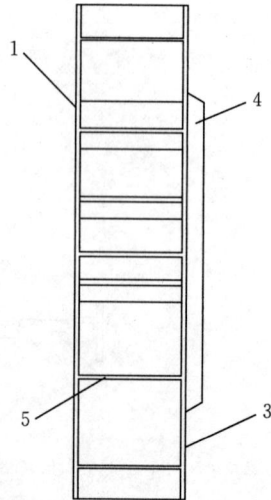

图 4-40　残膜负压吸风机叶片机构侧视图

1. 圆形后挡板　3. 环形前挡板
4. 旋转限位凸起环　5. 斜置方形叶片

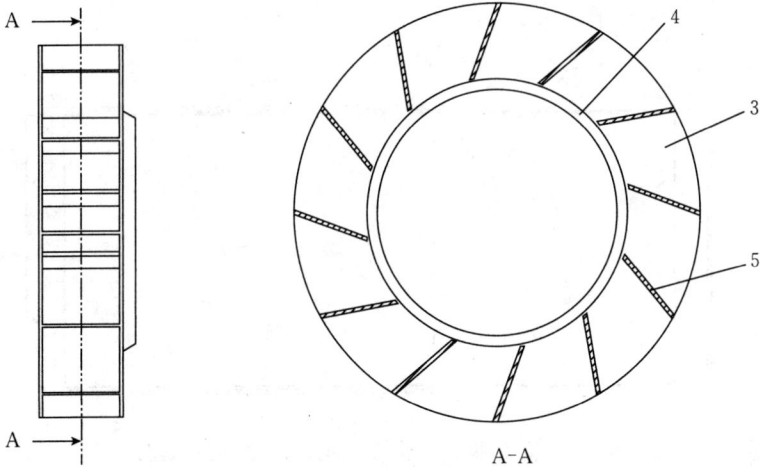

图 4 - 41　残膜负压吸风机叶片机构剖视图

3. 环形前挡板　4. 旋转限位凸起环　5. 斜置方形叶片

圆形后挡板中间设置有驱动轴安装口，环形前挡板内环处设置有旋转限位凸起环，圆形后挡板和环形前挡板中间安装斜置方形叶片。本设计的有益效果是结构紧凑、吸力强、膜杂通过率高，此装置是负压残膜捡拾机的重要组成部分，满足了负压残膜捡拾机负压捡拾的功能需求。

4.16　残膜负压吸风机部分开合式机壳

如图 4 - 42 至图 4 - 44 所示，残膜负压吸风机部分开合式机壳由固定机壳、活动机壳和弧形滑轨组成。

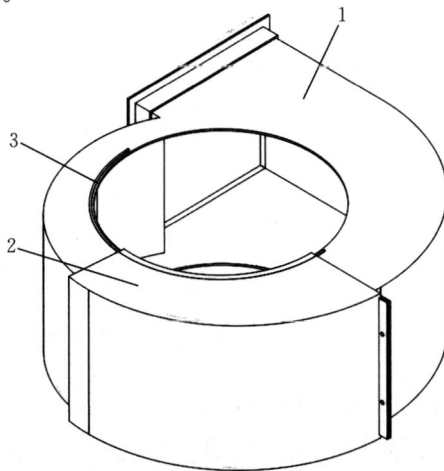

图 4 - 42　残膜负压吸风机部分开合式机壳机构

1. 固定机壳　2. 活动机壳　3. 弧形滑轨

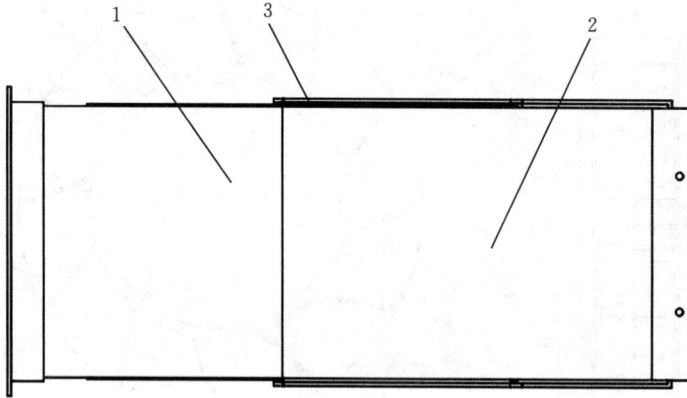

图 4-43　残膜负压吸风机部分开合式机壳侧视图
1. 固定机壳　2. 活动机壳　3. 弧形滑轨

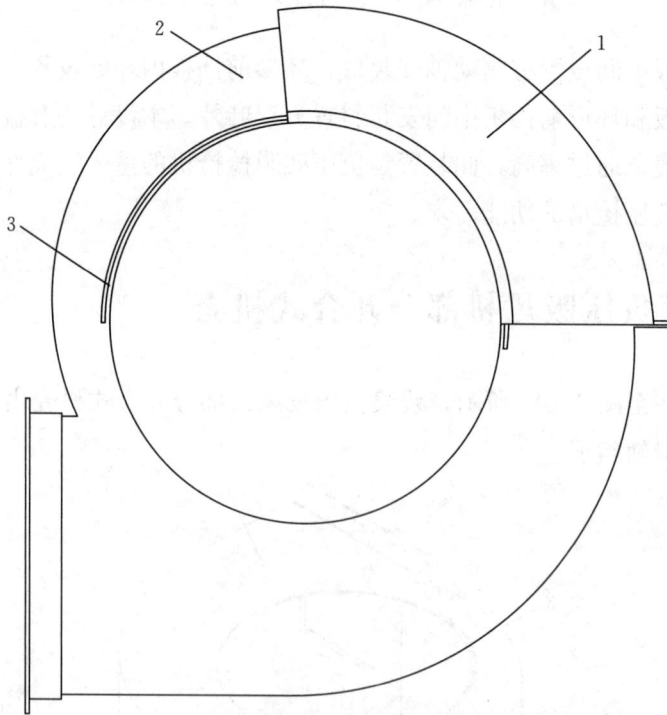

图 4-44　残膜负压吸风机部分开合式机壳俯视图
1. 固定机壳　2. 活动机壳　3. 弧形滑轨

　　残膜负压吸风机部分开合式机壳由固定机壳、活动机壳和弧形滑轨组成。固定机壳下方安装活动机壳，固定机壳与活动机壳中间设置有弧形滑轨。本设计的有益效果是结构紧凑、造价经济、构造简单、维修方便、膜杂堵塞后清理方便，此装置是负压残膜捡拾机的重要组成部分，满足了负压残膜捡拾机负压捡拾的功能需求。

4.17 残膜负压吸风机凹形扇叶机构

如图4-45至图4-47所示，残膜负压吸风机凹形扇叶机构由凹形扇叶、转动轴、轴肩及平键组成。

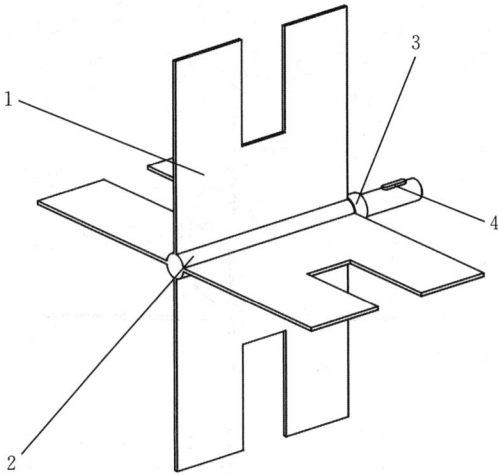

图4-45 残膜负压吸风机凹形扇叶机构
1. 凹形扇叶 2. 转动轴 3. 轴肩 4. 平键

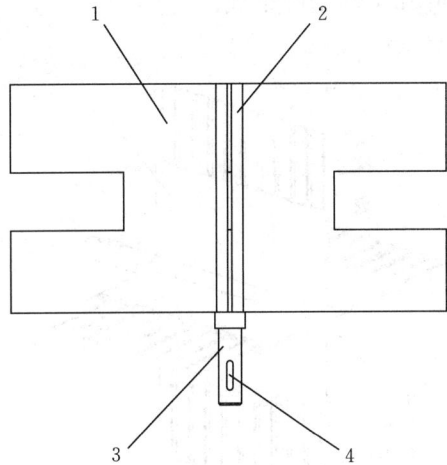

图4-46 残膜负压吸风机凹形扇叶机构俯视图
1. 凹形扇叶 2. 转动轴 3. 轴肩 4. 平键

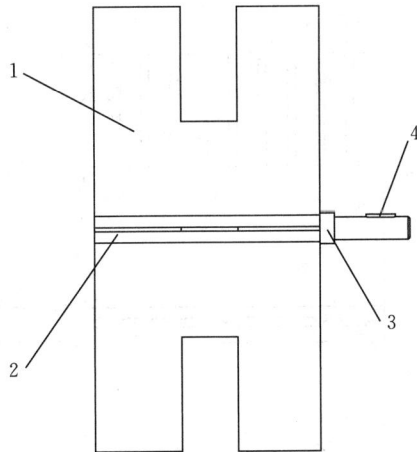

图4-47 残膜负压吸风机凹形扇叶机构左视图
1. 凹形扇叶 2. 转动轴 3. 轴肩 4. 平键

转动轴一侧安装凹形扇叶；转动轴另一侧设置有轴肩，用来限制凹形扇叶横向移动；轴肩外侧的转动轴上安装有平键。本设计的有益效果是安装方便、结构简单、造价低廉，能够防止残膜、秸秆、土块的混合物穿过风机时堵塞风机，满足了负压式残膜捡拾机捡拾残膜的功能需求。

4.18　残膜负压吸风机半柔性扇叶机构

如图4-48至图4-50所示，残膜负压吸风机半柔性扇叶机构由传动轴、刚性扇叶和柔性扇叶组成。

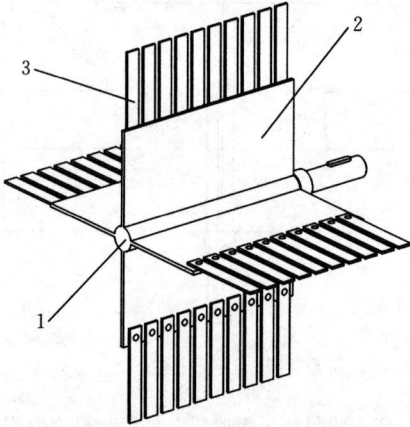

图4-48　残膜负压吸风机半柔性扇叶机构
1. 传动轴　2. 刚性扇叶　3. 柔性扇叶

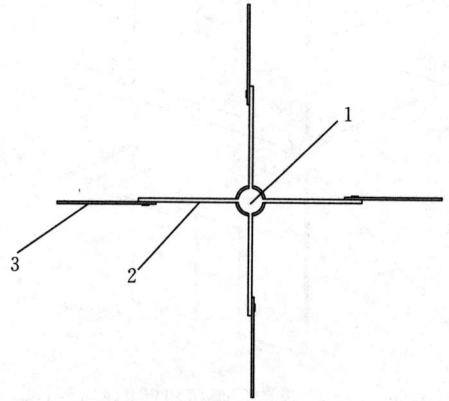

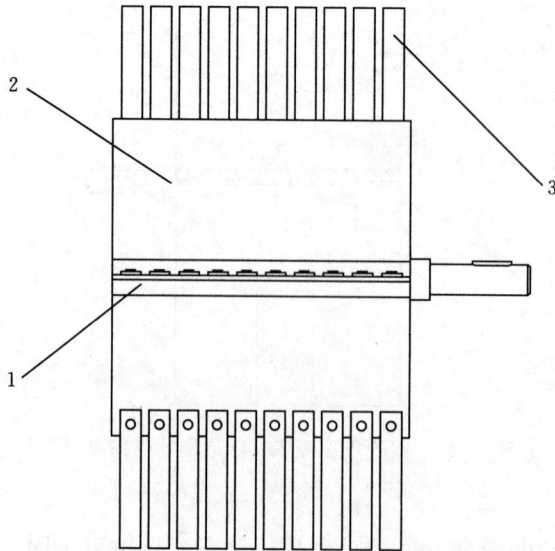

图4-49　残膜负压吸风机半柔性扇叶机构侧视图
1. 传动轴　2. 刚性扇叶　3. 柔性扇叶

图4-50　残膜负压吸风机半柔性扇叶机构俯视图
1. 传动轴　2. 刚性扇叶　3. 柔性扇叶

转动轴外侧安装刚性扇叶，刚性扇叶外边缘安装柔性扇叶。本设计的有益效果是安装方便、结构简单、造价低廉，能够产生较高的吸力，并且防止残膜、秸秆、土块的混合物穿过风机时堵塞风机，满足了高负压式残膜捡拾机捡拾残膜的功能需求。

【本章参考文献】

[1] 郭淑霞，坎杂，张若宇，等．机采籽棉残膜静电分离装置分离试验 [J]．农业工程学报，2011，27（s2）：6 - 10.

[2] 颜玉庆．静电式残膜回收方式试验研究 [D]．石河子：石河子大学，2016.

[3] 祁禹衡，杨永发，王园园．残膜静电回收装置吸附试验研究 [J]．农机化研究，2021（9）：164 - 168.

[4] 颜玉庆，贾首星．浅析机采籽棉残膜静电分离装置残膜吸附原理 [J]．机电信息，2016（9）：117 - 118.

[5] 王巧华，翁富炯，张洪洲，等．机采棉中残地膜静电吸附法分级去除 [J]．农业机械学报，2019，50（6）：140 - 147.

[6] 高华锋，张瑞勤，解燕，等．一款新型烟田残膜捡拾机的设计 [J]．农业工程，2016，6（6）：106 - 109.

[7] 刘云，喻启忠，刘朝宇，等．导轨式地表残膜捡拾机的设计及试验 [J]．新疆农机化，2018（6）：7 - 8.

[8] 明光，毕新胜，王晓东，等．夹持输送式残膜捡拾机气力脱膜机理研究 [J]．中国农机化学报，2016，37（7）：1 - 5.

[9] 许宁，康建明，张恒，等．气吸式残膜回收除杂一体机试验研究 [J]．中国农机化学报，2021，42（1）：14 - 19.

[10] 周智祥，杨志城，杨宛章，等．气吹式春播前残膜回收机的研制 [J]．新疆农业大学学报，2005，28（1）：61 - 65.

第5章 脱膜和膜杂分离机构

由石河子大学和新疆农垦科学院研制的旋转脱膜式残膜回收机由机架、主弹齿、传动轴、液压马达、传动部件、伸缩油缸、脱膜机构、悬挂架、限深滑板、仿形机构及副弹齿等组成，旋转脱膜式残膜回收机由拖拉机提供动力，以三点悬挂方式与拖拉机相连接。作业前，调整拖拉机液压系统使折叠油缸将左右翼架调整至平展状态，调整液压马达，连接盘啮合，脱膜机构同步运转，将脱膜架旋转至搂膜弹齿顶端，防止脱膜机构阻碍残膜回收作业。作业时，将残膜回收机放至地面，调整限深滑板，使主搂膜弹齿水平入土深度为 $30 \sim 70$ mm；拖拉机牵引残膜回收机行进，主弹齿进行松土，挑动残膜、根茬及土壤的混合物，分散混合物防止壅土，并搂集一定量的残膜，副弹齿通过对地仿形机构，可随土壤起伏调整搂膜弹齿的入土深度，搂集前两排遗漏的和面积较小的残膜；当搂膜弹齿储膜空间上的地膜足够多时，控制拖拉机液压系统，将残膜回收机升高到适当高度，驱动液压马达旋转，传动机构带动脱膜机构自上而下绕脱膜架中心轴进行回转运动，将搂膜弹齿储膜空间上的地膜混合物刮擦到合适的回收地点，完成收膜作业[1]。

新疆农业大学机电工程学院针对土壤耕层多年沉积的残膜力学性能差、膜土分离困难、残膜碎片回收率低的问题，设计了一种链齿式残膜回收机，该机具主要工作部件有捡拾装置和膜土分离装置。机具的作业深度为 $0 \sim 150$ mm，捡拾装置完成起膜并对膜土进行输送，随后通过逆向膜土分离装置进行分离，最终把残膜运送至集膜箱。以捡拾装置角速度、膜土分离装置角速度、膜土分离装置角度为试验因素，以残膜回收率和含土率为响应值对链齿式残膜回收机进行三因素三水平的二次回归正交试验。通过试验得到了各因素的响应面模型，分析了各因素对作业效果的影响并对各因素进行了优化。结果表明，试验因素对残膜回收率的影响显著顺序为膜土分离装置角度＞捡拾装置角速度＞膜土分离装置角速度；试验因素影响含土率的顺序为膜土分离装置角度＞膜土分离装置角速度＞捡拾装置角速度；对优化结果进行试验验证得出，当捡拾装置角速度为 42 rad/s、膜土分离装置角速度为 57 rad/s、膜土分离装置角度为 37°时，此时残膜回收率为 81.12%，含土率为 34.83%；且各个评价指标的试验值与模型优化值的相对误差均小于 5%。该机具利用逆向膜土分离装置可以解决膜土分离困难、残膜碎片回收率低的问题，可为后续残膜回收机膜土分离装置机构的研究和优化提供参考[2]。

5.1 "介"字形柔性脱膜辊机构

如图 5-1 所示,"介"字形柔性脱膜辊机构由"介"字形柔性脱膜齿、旋转辊、驱动轴颈、右旋转轴颈及左旋转轴颈组成。

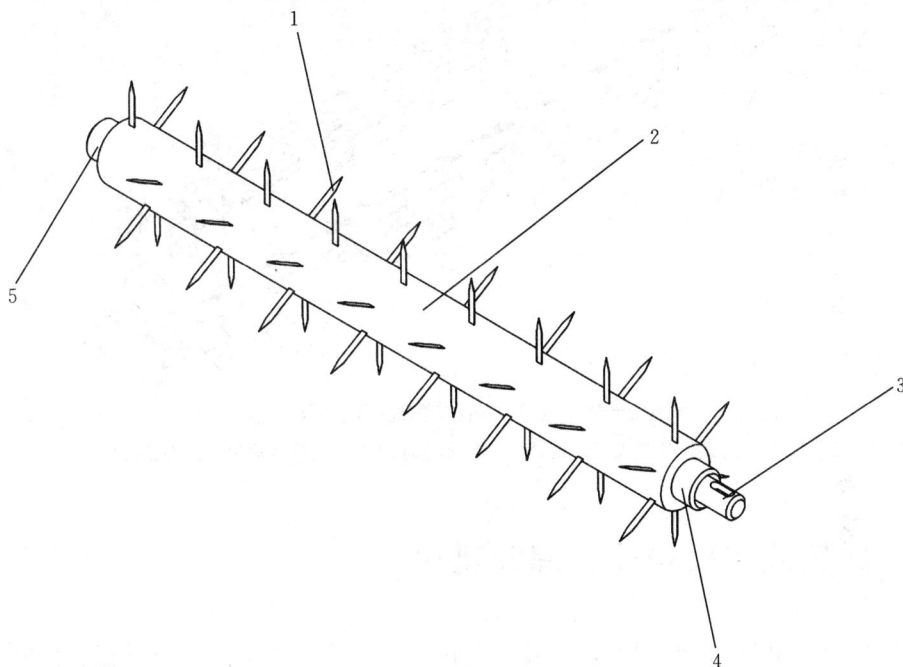

图 5-1 "介"字形柔性脱膜辊机构结构

1. "介"字形柔性脱膜齿 2. 旋转辊 3. 驱动轴颈 4. 右旋转轴颈 5. 左旋转轴颈

"介"字形柔性脱膜齿按插空规律均匀地安装在旋转辊上,旋转辊右侧安装有右旋转轴颈,旋转辊左侧安装有左旋转轴颈,右旋转轴颈端面处焊接驱动轴颈。本设计结构简单、对叉形残膜捡拾辊机构的脱膜效率高、可靠性高,满足了田地残膜捡拾装置的脱膜功能需求。

5.2 "亚"字形柔性脱膜辊机构

如图 5-2 所示,"亚"字形柔性脱膜辊机构由"亚"字形柔性脱膜齿、旋转辊、驱动轴颈、右旋转轴颈及左旋转轴颈组成。

"亚"字形柔性脱膜齿按插空规律均匀地安装在旋转辊上,旋转辊右侧安装有右旋转轴颈,旋转辊左侧安装有左旋转轴颈,右旋转轴颈端面处焊接驱动轴颈。本设计对十字反弓形残膜捡拾辊机构的脱膜效率高、可靠性高，满足了田地残膜捡拾装置的脱膜功能需求。

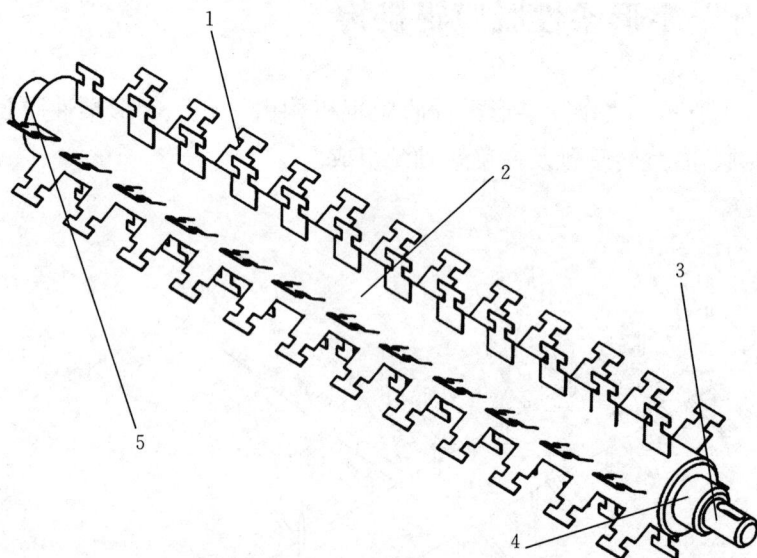

图 5-2　"亚"字形柔性脱膜辊机构结构

1."亚"字形柔性脱膜齿　2. 旋转辊　3. 驱动轴颈　4. 右旋转轴颈　5. 左旋转轴颈

5.3　回转式残膜捡拾机卸膜机构

如图 5-3 和图 5-4 所示，回转式残膜捡拾机卸膜机构由 S 形机壳、残膜分离入口、安装吊耳、分离辊驱动轴、排土口、分离辊、柔性分离齿及残膜排出口组成。

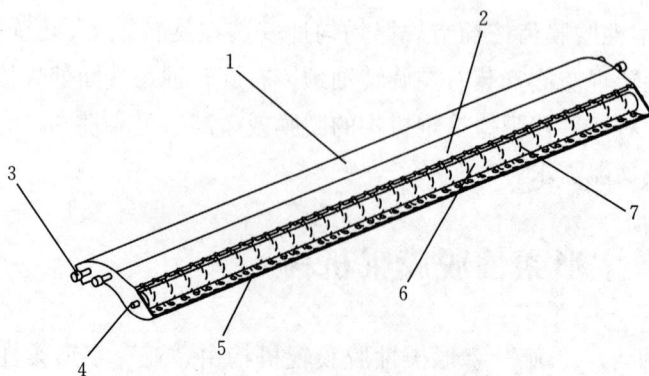

图 5-3　回转式残膜捡拾机卸膜机构结构

1.S 形机壳　2. 残膜分离入口　3. 安装吊耳　4. 分离辊驱动轴　5. 排土口

6. 分离辊　7. 柔性分离齿

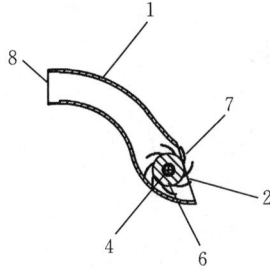

图 5-4　回转式残膜捡拾机卸膜机构剖视图

1. S形机壳　2. 残膜分离入口　4. 分离辊驱动轴　6. 分离辊　7. 柔性分离齿　8. 残膜排出口

S形机壳左右两侧设置有安装吊耳，前侧设置有残膜分离入口，后侧设置有残膜排出口；残膜分离入口下侧设置有排土口；残膜分离入口安装分离辊，分离辊外表面安装柔性分离齿，分离辊一侧安装分离辊驱动轴。本设计结构相对简单、分离效果好、维修方便、经济可靠，满足了回转式残膜捡拾机卸膜的功能需求。回转式残膜捡拾机捡拾机构的宽度较窄，可以捡拾树丛或狭窄区域的残膜。同时，其结构简单、质量轻，可以通过挂架实现多角度残膜捡拾。

5.4　耙式残膜捡拾机脱膜机构

如图 5-5 所示，耙式残膜捡拾机脱膜机构由脱膜环、连接片、左卡扣、左手柄、右卡扣及右手柄组成。

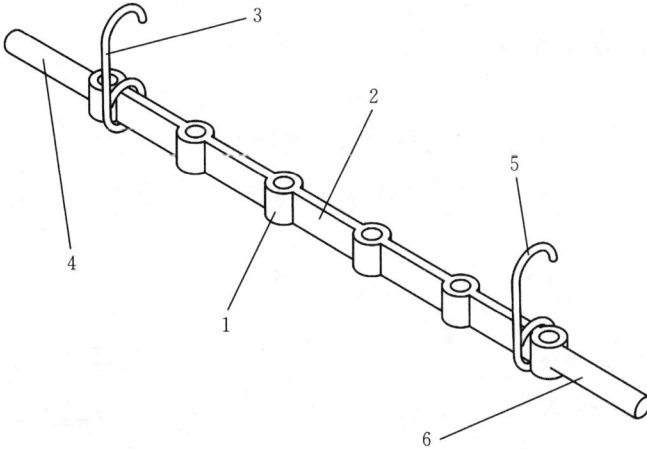

图 5-5　耙式残膜捡拾机脱膜机构

1. 脱膜环　2. 连接片　3. 左卡扣　4. 左手柄　5. 右卡扣　6 右手柄

连接片两侧设置有脱膜环，左端脱膜环内侧安装有左卡扣，左端脱膜环外侧安装有左手柄；右端脱膜环内侧安装有右卡扣，右端脱膜环外侧安装有右手柄。

5.5 软硬结合式脱膜辊

如图5-6和图5-7所示，软硬结合式脱膜辊由轴辊、刚性脱膜片及柔性脱膜丝组成。

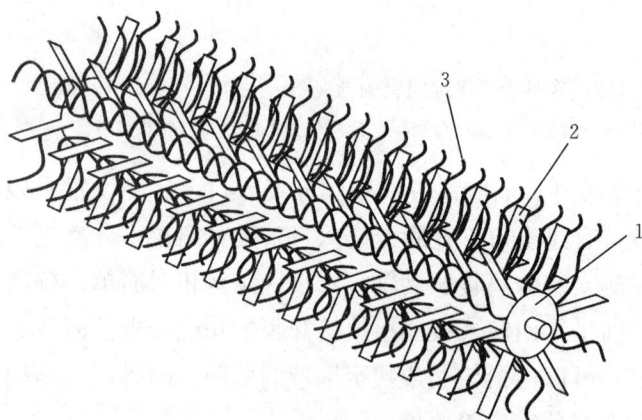

图5-6 软硬结合式脱膜辊机构
1. 轴辊 2. 刚性脱膜片 3. 柔性脱膜丝

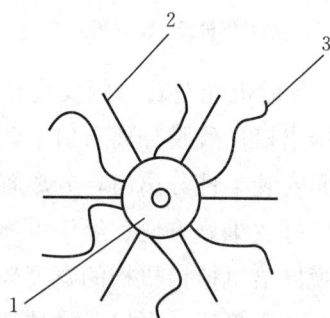

图5-7 软硬结合式脱膜辊侧视图
1. 轴辊 2. 刚性脱膜片 3. 柔性脱膜丝

轴辊圆柱表面均匀地安装刚性脱膜片，在刚性脱膜片间隙安装柔性脱膜丝。本设计的有益效果是安装方便、结构简单、可靠性强，软硬结合式脱膜辊能够应对多种工况脱膜，满足负压式残膜捡拾机有效脱膜的功能需求。

5.6 分段式膜土分离装置

如图5-8和图5-9所示，分段式膜土分离装置由底部封闭壳体端、底部开口壳体端、入风口、残膜出口、残膜入口、左挡板及右挡板组成。

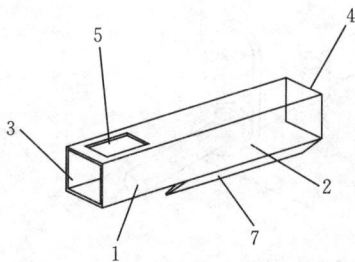

图5-8 分段式膜土分离装置结构
1.底部封闭壳体端 2底部开口壳体端 3.入风口
4.残膜出口 5.残膜入口 7.右挡板

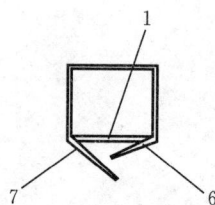

图5-9 分段式膜土分离装置侧视图
1.底部封闭壳体端 6.左挡板 7.右挡板

底部封闭壳体端前部设置有入风口，底部封闭壳体端后部连接底部开口壳体端前部，底部开口壳体端下部安装左挡板和右挡板，底部封闭壳体端上侧设置有残膜入口，底部开口壳体端后部设置有残膜出口。

5.7 旋转式膜土分离装置

如图 5-10 所示，旋转式膜土分离装置由圆筒形分离壳体、残膜入口、残膜出口、排土孔、摩擦轮及摩擦轮驱动轴组成。

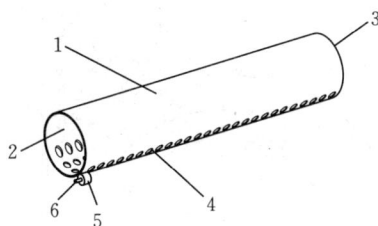

图 5-10 旋转式膜土分离装置

1. 圆筒形分离壳体 2. 残膜入口 3. 残膜出口 4. 排土孔 5. 摩擦轮 6. 摩擦轮驱动轴

圆筒形分离壳体一侧设置有残膜入口，另一侧设置有残膜出口；圆筒形分离壳体下部设置有排土孔；圆筒形分离壳体外壁与摩擦轮接触，摩擦轮中轴线外侧安装有摩擦轮驱动轴。

5.8 分离残膜中土颗粒的风箱

如图 5-11 和图 5-12 所示，分离残膜中土颗粒的风箱由螺旋形风箱体、回收残膜入口、土颗粒分离筛、分离残膜出口组成。

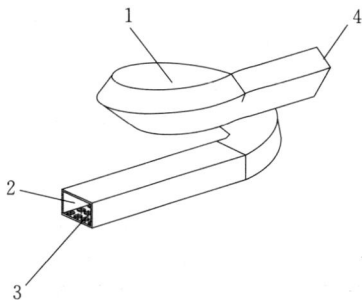

图 5-11 分离残膜中土颗粒的风箱结构

1. 螺旋形风箱体 2. 回收残膜入口

3. 土颗粒分离筛 4. 分离残膜出口

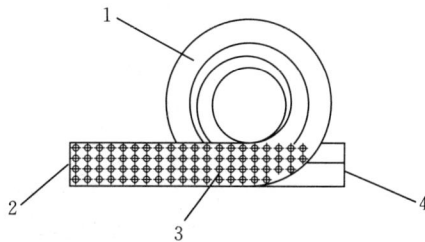

图 5-12 分离残膜中土颗粒的风箱俯视图

1. 螺旋形风箱体 2. 回收残膜入口

3. 土颗粒分离筛 4. 分离残膜出口

螺旋形风箱体前端设置有回收残膜入口，尾端设置有分离残膜出口，下部设置有土颗粒分离筛。

5.9　残膜分离专用吸风机

如图 5-13 所示，残膜分离专用吸风机由吸风机机壳、吸风机扇叶、扇叶驱动轴、土块掉落口、吸风口及排风口组成。

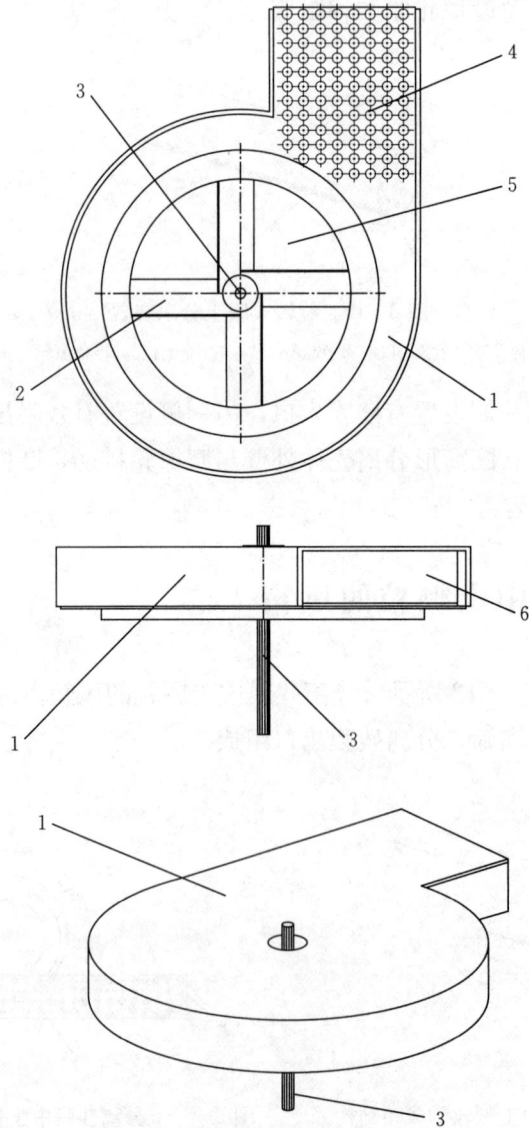

图 5-13　残膜分离专用吸风机机构

1. 吸风机机壳　2. 吸风机扇叶　3. 扇叶驱动轴　4. 土块掉落口　5 吸风口　6. 排风口

吸风机机壳内部通过扇叶驱动轴安装吸风机扇叶,吸风机机壳底部设有吸风口,吸风机机壳侧面设有排风口,排风口底侧设有土块掉落口。

5.10　喇叭形膜土分离装置

如图 5 - 14 所示,喇叭形膜土分离装置由喇叭形壳体、膜土混合物入口、进风口、月牙形隔板、残膜飞出口及土块排出口组成。

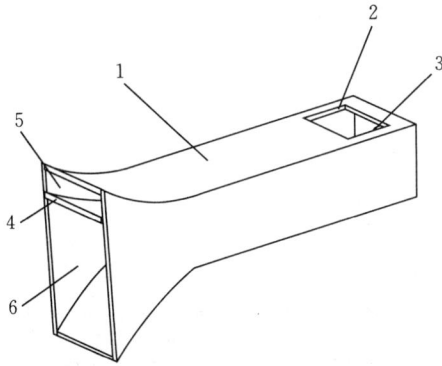

图 5 - 14　喇叭形膜土分离装置

1. 喇叭形壳体　2. 膜土混合物入口　3. 进风口　4. 月牙形隔板　5. 残膜飞出口　6. 土块排出口

喇叭形壳体后侧设置有进风口,后侧上部设置有膜土混合物入口,前侧内部安装有月牙形隔板;月牙形隔板上侧为残膜飞出口,下侧为土块排出口。此装置可将残膜捡拾机捡拾的残膜中所掺杂的土块分离出去。

5.11　风板式膜杂分离装置

目前,我国农机科技人员已经研制出了各种类型的残膜回收机械设备,从现有残膜回收机作业的工序来划分,主要包括以下 4 道工序:起膜、捡膜、脱膜及卸膜作业工序。但是,卸膜后的残膜中不仅含有残膜,而且有泥土以及秸秆碎末。这种残膜无法被企业回收利用,政府也很难制定回收补偿标准,很多农民收完残膜后直接将其倒到田边或沟里,又造成了二次污染。针对这种情况,如图 5 - 15 所示,设计了一种风板式膜杂分离装置。

风板式膜杂分离装置包括方形风箱、残膜排出口、传送带、风板、泥土及秸秆碎末排出口、驱动轴、残膜混合物入口、驱动带轮和从动带轮。方形风箱前侧下端设置有泥土及秸秆碎末排出口,风箱上侧后部设置有残膜混合物入口,风箱上侧前部设置有残膜排出口,风箱内部前侧安装有驱动带轮,风箱内部后侧安装有从动带

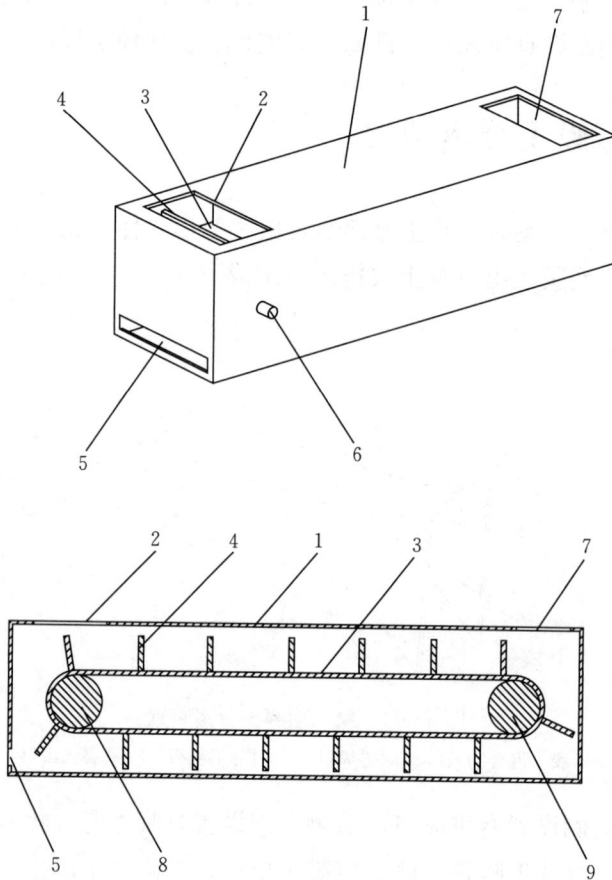

图 5-15　风板式膜杂分离装置

1. 方形风箱　2. 残膜排出口　3. 传送带　4. 风板　5. 泥土及秸秆碎末排出口　6. 驱动轴

7. 残膜混合物入口　8. 驱动带轮　9. 从动带轮

轮；驱动带轮侧面连接驱动轴一端，驱动轴另一端伸出方形风箱侧面；传送带内侧连接驱动轮和从动轮，传送带外侧安装风板。使用中，驱动轴外接电机，在外部电机的作用下，驱动带轮通过传送带带动从动带轮旋转。传送带外侧安装的风板随传送带绕驱动带轮和从动带轮旋转。残膜捡拾机捡拾的残膜、泥土及秸秆碎末通过残膜混合物入口进入风板式膜杂分离装置，残膜混合物随风板运动带动的风悬浮向前运动。因为泥土密度较大，在向前运动中首先落入传送带上，随传送带绕过驱动轴后，在重力和风力的作用下，从泥土及秸秆碎末排出口排出。秸秆碎末的密度与残膜接近，但残膜回收机回收到的秸秆碎末的体积比残膜大，其质量也大，在风板的作用下，从膜杂分离装置的入口到出口的运动中，逐渐与残膜分离渐渐落入风板的根部，随传送带绕过驱动轴后，在风板的作用下，从泥土及秸秆碎末排出口排出。残膜因为其质量轻、密度小，一直悬浮在风板上边缘处，在到达残膜出口后，在风板带动风力的作用下，从残膜排出口吹出。风板式膜杂分离装置利用残膜、泥土及秸秆碎末的体积与密度的不同，通过风板以及重力的作用实现残膜与杂质的分离。

如图 5-16 所示，方形风箱前侧下端设置有泥土及秸秆碎末排出口，风箱上侧前部设置有残膜排出口。

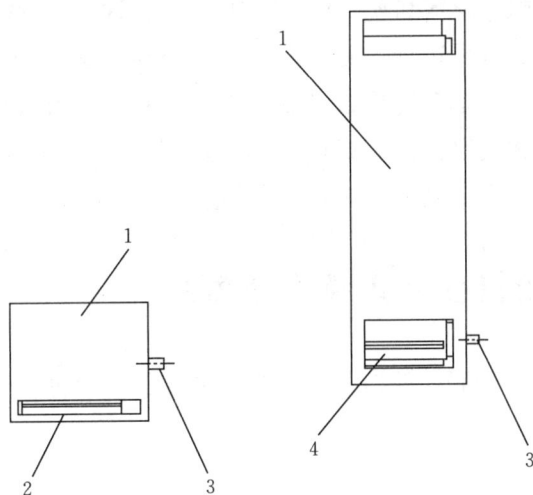

图 5-16　气流出口形状简图

1. 输送风道　2. 气流出口　3. 传送带　4. 风板

风板的排列方式及配置间距如图 5-17 所示，在风板式膜杂分离装置工作的时候，若风板数量排列过少且相邻之间两个风板的间距越大，则工作效率就会越低。同时，由于风板传送的转速不能太高，当其中一个风板刮送残膜混合物时，随后的另一个风板因间距过大就不能够及时地将新进入的残膜混合物进行刮送，则此时易造成残膜分离效率下降；然而，当风板的数量过多，又会使得传送带所受的拉力增大，会对整个风板式膜杂分离装置传动的可靠性造成影响。因此，风板一周的安装数量为 15 个。

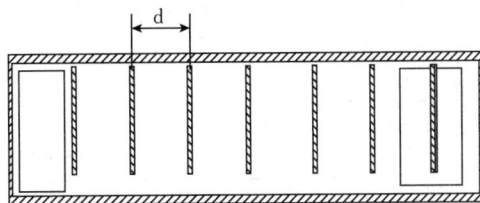

图 5-17　风板的排列方式及配置间距

当风板把残膜混合物输送到各个排出口处时，由于残膜具有易吸附特性，在气流速度大小不足时，残膜有可能不会被吹落掉，进而缠绕在风板上，最终影响残膜的回收。因此，分析残膜对不同材质风板的吸附特性的差异性，得出制作风板的合适材料。

本设计在选择制作风板的材料上主要从铁质、橡胶帆布和硬质塑料3种材料进行选择。考虑到残膜的易吸附特性，因为残膜表面上的张力、静电作用力以及摩擦力对铁质材料的风板更容易造成残膜的吸附。因此，铁质材料制成的风板将不适合用于气力脱膜中。对于橡胶帆布材料和硬质塑料材料制成的风板，残膜对这两种材料的吸附性与铁质材料相比，其效果较差，则较适合作为风板的材料。同时，考虑到风板是安装在输送带上并且有一定运动速度以及受力较大，所以采用橡胶材料制成的风板要比硬质塑料制成的风板更符合实际要求。综合以上分析，最终选择橡胶帆布材料作为风板的制作材料。橡胶帆布风板具有很强的耐磨性、韧性、不易黏附残膜等优点。

5.12　残膜捡拾机往复式膜土分离器

如图5-18所示，残膜捡拾机往复式膜土分离器由滚轮、分离筛、卸膜口、导轨及驱动架组成。

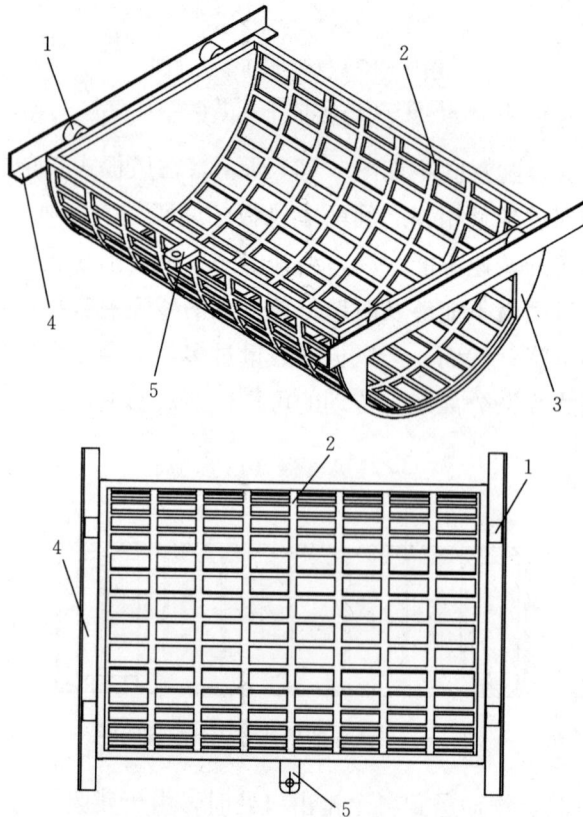

图5-18　残膜捡拾机往复式膜土分离器结构
1. 滚轮　2. 分离筛　3. 卸膜口　4. 导轨　5. 驱动架

分离筛下部设置有卸膜口，分离筛四角装有 4 个滚轮，滚轮放置在导轨上，分离筛侧面安装有驱动架。此装置将残膜捡拾机回收的残膜中所掺杂的土壤颗粒利用机械振动原理分离开来，土壤颗粒由侧面及下部掉落，残膜及秸秆碎末由卸膜口排出。

5.13　铲筒一体式拾膜除土机构

如图 5-19 所示，铲筒一体式拾膜除土机构由鼠笼式滚筒和地膜铲组成。

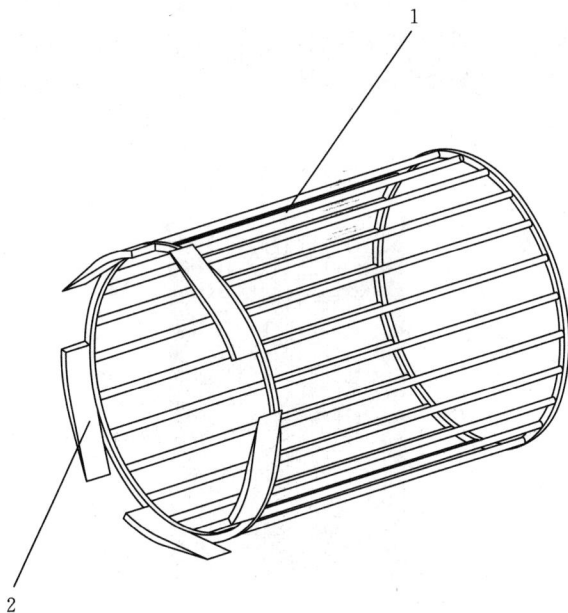

图 5-19　铲筒一体式拾膜除土机构
1. 鼠笼式滚筒　2. 地膜铲

鼠笼式滚筒前部安装有地膜铲。地膜铲随滚筒一起转动，地膜铲将地膜及土块从地面铲起，在惯性的作用下进入鼠笼式滚筒中。地膜在鼠笼式滚筒的作用下从鼠笼式滚筒后方排出，土块在鼠笼式滚筒的作用下，从鼠笼式滚筒侧壁缝隙掉落。此机构是残膜回收机的重要组成部件。

5.14　残膜回收机螺旋式膜土分离器

如图 5-20 至图 5-22 所示，残膜回收机螺旋式膜土分离器由进膜口、分离滚筒、螺旋筛片、出膜口组成。

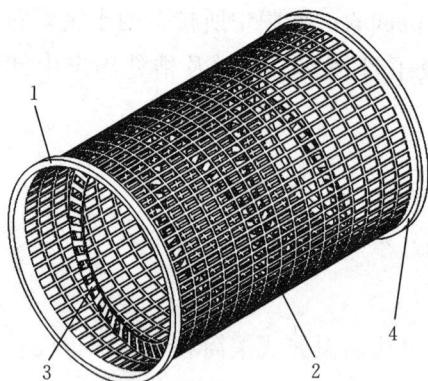

图5-20 残膜回收机螺旋式膜土分离器机构

1.进膜口 2.分离滚筒 3.螺旋筛片 4.出膜口

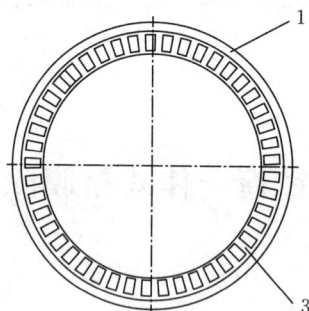

图5-21 残膜回收机螺旋式膜土
分离器侧视图

1.进膜口 3.螺旋筛片

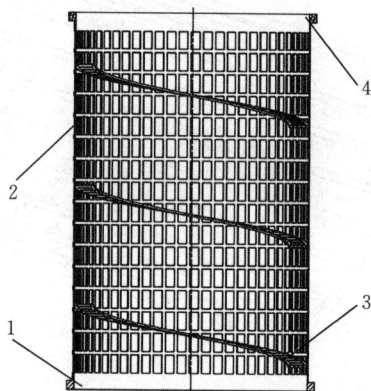

图5-22 残膜回收机螺旋式膜土分离器主视图

1.进膜口 2.分离滚筒 3.螺旋筛片 4.出膜口

分离滚筒上侧设置有进膜口,下侧设置有出膜口,分离滚筒内部设置有螺旋筛片。此装置是将残膜捡拾机回收的残膜中所掺杂的土壤颗粒利用重力和离心力原理分离开来,土壤颗粒从分离滚筒筛出,残膜及秸秆碎末由出膜口排出。

5.15 L形腹背尘土分离箱

如图5-23至图5-25所示,L形腹背尘土分离箱由L形箱体、除尘孔、除土孔及方形法兰组成。

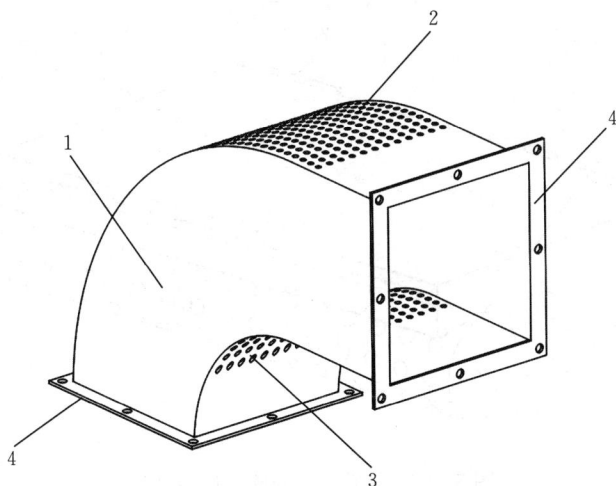

图 5-23 L形腹背尘土分离箱机构
1.L形箱体 2.除尘孔 3.除土孔 4.方形法兰

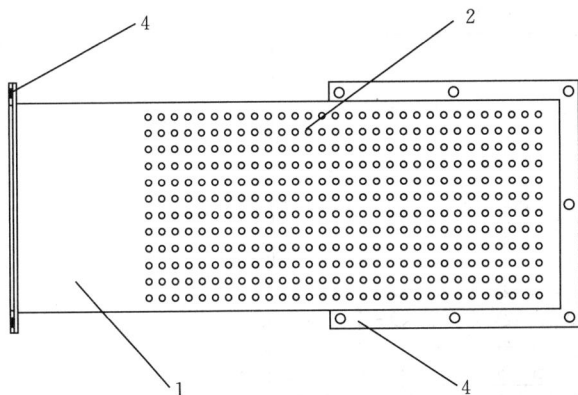

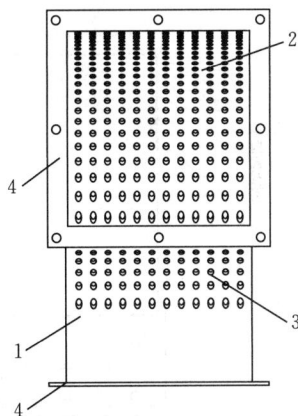

图 5-24 L形腹背尘土分离箱俯视图
1.L形箱体 2.除尘孔 4.方形法兰

图 5-25 L形腹背尘土分离箱侧视图
1.L形箱体 2.除尘孔 3.除土孔 4.方形法兰

L形箱体腹部设置有除土孔，L形箱体出口处和入口处安装有方形法兰。残膜负压捡拾机工作时，捡拾到的膜土混合体在风力的作用下经过L形腹背尘土分离箱时，粉尘从除尘孔飞出，较重的土末从除土口掉落，满足了残膜负压捡拾机对捡拾残膜进行除尘除土的功能需求。

5.16 转轮式残膜除土风箱

如图 5-26 至图 5-29 所示，转轮式残膜除土风箱由主箱体、捡拾残膜入口、方形排出口、弧形排出口和筒形外筛组成。

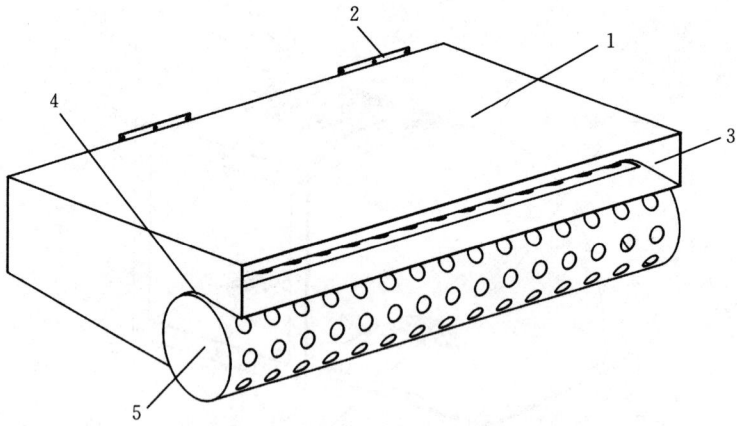

图 5-26 转轮式残膜除土风箱结构

1. 主箱体　2. 捡拾残膜入口　3. 方形排出口　4. 弧形排出口　5. 筒形外筛

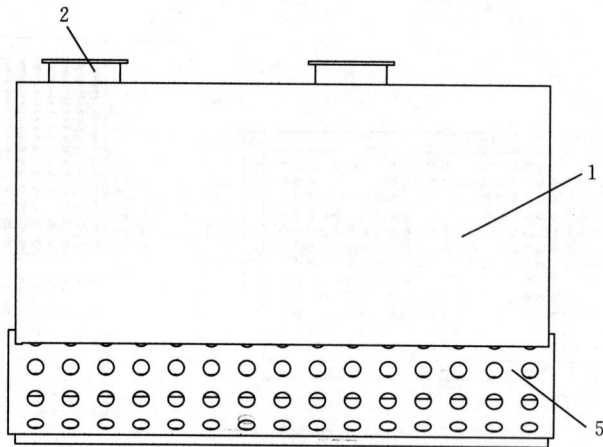

图 5-27 转轮式残膜除土风箱俯视图

1. 主箱体　2. 捡拾残膜入口　5. 筒形外筛

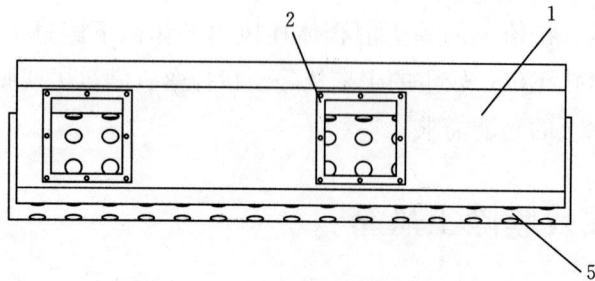

图 5-28 转轮式残膜除土风箱后视图

1. 主箱体　2. 捡拾残膜入口　5. 筒形外筛

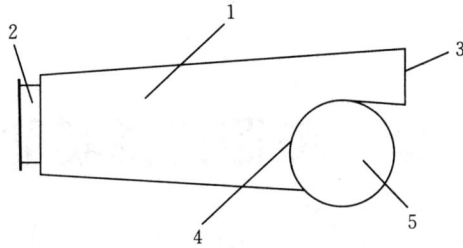

图 5 - 29　转轮式残膜除土风箱侧视图

1. 主箱体　2. 捡拾残膜入口　3. 方形排出口　4. 弧形排出口　5. 筒形外筛

主箱体后部设置有捡拾残膜入口，主箱体前部上方设置有方形排出口；方形排出口下方设置有弧形排出口；弧形排出口安装有筒形外筛，残膜和秸秆碎片等较轻的回收物经上方的方形排出口排出，尘土等较重的回收物经弧形排出口通过筒形外筛排出。此装置是负压残膜捡拾机的重要组成部分，满足了负压残膜捡拾机膜土分离的功能需求。

【本章参考文献】

［1］郑士琦，曹肆林，王敏，等 . 旋转脱膜式残膜回收机的设计与试验［J］. 西北农林科技大学学报：自然科学版，2020，48（10）：146 - 154.

［2］白圣贺，张学军，靳伟，等 . 链齿式残膜回收机捡拾机构参数优化及试验［J］. 农机化研究，2019（8）：136 - 141.

第6章　残膜捡拾辅助机构

6.1　残膜回收框

如图6-1所示，残膜回收框由回收框框体、方口阻拦板、三角口阻拦板、方口后挡板及残膜入口组成。

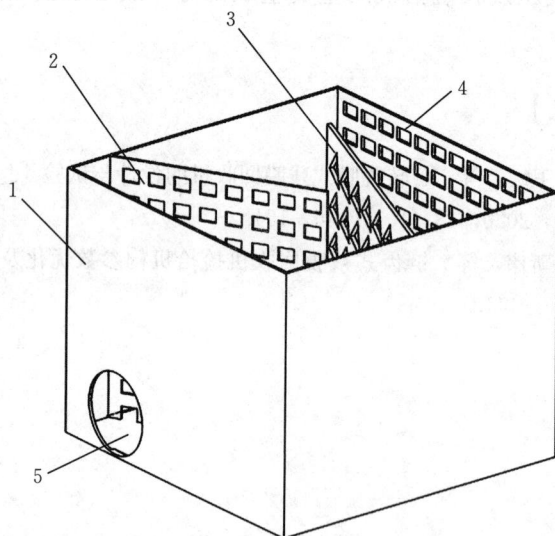

图6-1　残膜回收框结构

1. 回收框框体　2. 方口阻拦板　3. 三角口阻拦板　4. 方口后挡板　5. 残膜入口

回收框框体前侧下部设置有残膜入口，框体内部倾斜安装有方口阻拦板和三角口阻拦板，框体后部设置有方口后挡板。此装置用于收集存放残膜捡拾机捡拾的残膜。

6.2　残膜负压捡拾机活动连接箱

如图6-2至图6-4所示，残膜负压捡拾机活动连接箱由下箱体、下箱密封胶环、下箱方形法兰、下箱法兰连接孔、上箱密封胶环、上箱体、上箱法兰连接孔、上箱方形法兰、下箱凹槽及上箱凸槽组成。

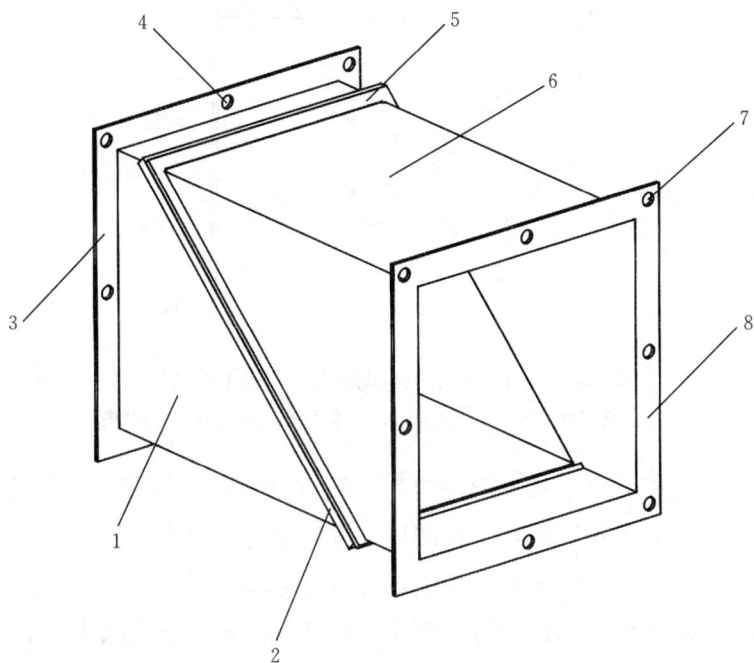

图 6-2　残膜负压捡拾机活动连接箱结构

1. 下箱体　2. 下箱密封胶环　3. 下箱方形法兰　4. 下箱法兰连接孔　5. 上箱密封胶环

6. 上箱体　7. 上箱法兰连接孔　8. 上箱方形法兰

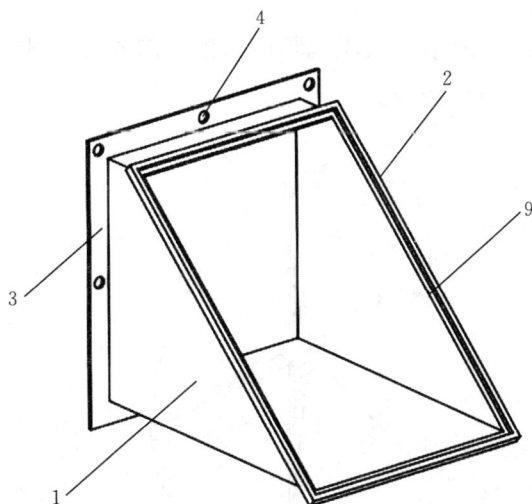

图 6-3　残膜负压捡拾机活动连接箱下箱结构

1. 下箱体　2. 下箱密封胶环　3. 下箱方形法兰　4. 下箱法兰连接孔　9. 下箱凹槽

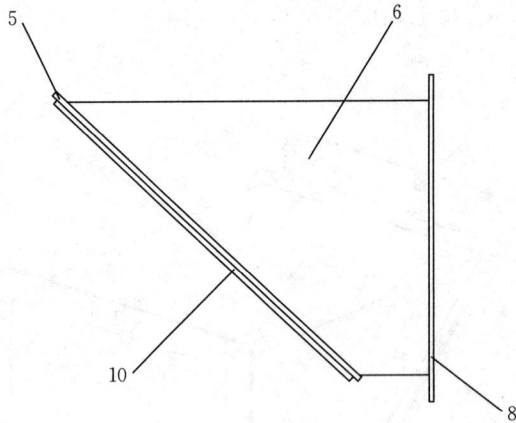

图 6-4 残膜负压捡拾机活动连接箱上箱结构
5.上箱密封胶环 6.上箱体 8.上箱方形法兰 10.上箱凸槽

下箱体平口处安装有下箱方形法兰，下箱方形法兰上设置有下箱法兰连接孔；下箱体斜口处设置有下箱凹槽，下箱凹槽外围安装有下箱密封胶环；上箱体平口处安装有上箱方形法兰，上箱方形法兰上设置有上箱法兰连接孔；上箱体斜口处设置有上箱凸槽，上箱凸槽外围设置有上箱密封胶环。下箱体连接风机，上箱体连接残膜捡拾框。工作过程中，上箱体和下箱体通过下箱凹槽和上箱凸槽连接；在残膜捡拾框翻转卸膜时，上箱体和下箱体分开。

6.3 负压残膜捡拾机卡槽式吸风机端盖

如图 6-5 至图 6-8 所示，负压残膜捡拾机卡槽式吸风机端盖由端盖、加强筋板、凸出端盖卡槽及轴承座组成。

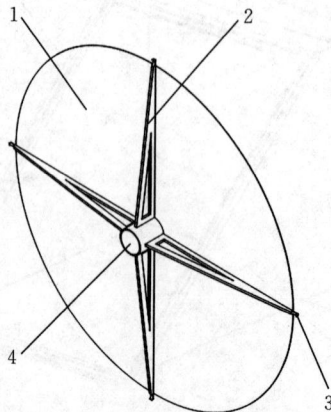

图 6-5 负压残膜捡拾机卡槽式吸风机端盖结构
1.端盖 2.加强筋板 3.凸出端盖卡槽 4.轴承座

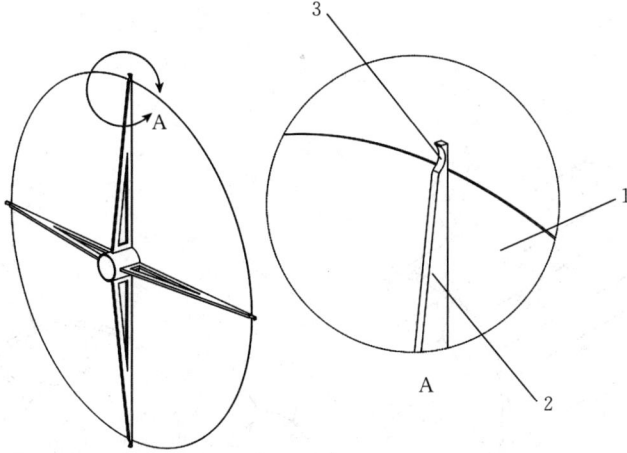

图 6-6 负压残膜捡拾机卡槽式吸风机端盖局部放大视图

1. 端盖 2. 加强筋板 3. 凸出端盖卡槽

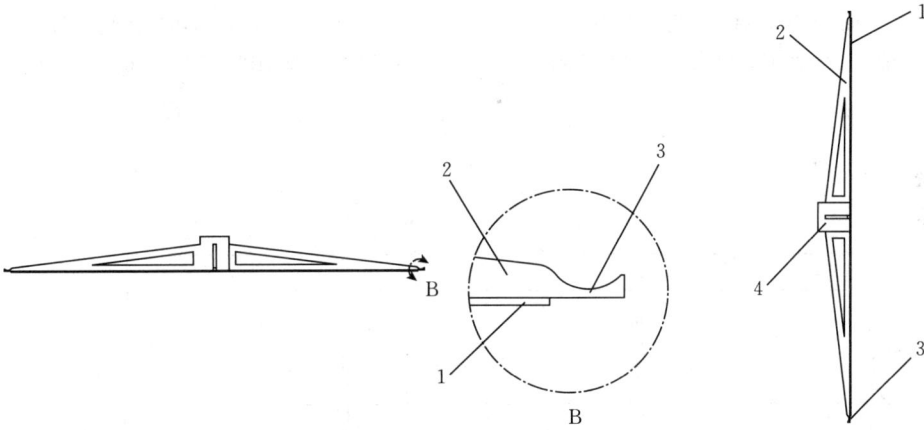

图 6-7 负压残膜捡拾机卡槽式吸风机端盖水平局部放大视图   图 6-8 负压残膜捡拾机卡槽

1. 端盖 2. 加强筋板 3. 凸出端盖卡槽   式吸风机端盖侧视图

1. 端盖 2. 加强筋板

3. 凸出端盖卡槽 4. 轴承座

　　端盖中心安装有轴承座，端盖外侧安装有加强筋板，加强筋板外边缘设置有凸出端盖卡槽。负压残膜捡拾机卡槽式吸风机端盖能够快速打开风机进行维修，更换轴承及扇叶，清除风机内的杂物，同时能够满足密封要求，满足负压式残膜捡拾机捡拾残膜的功能需求。

6.4　网格刀切膜辊

　　如图 6-9 至图 6-11 所示，网格刀切膜辊由轴辊、轴向切割刀片及横向切割刀片组成。

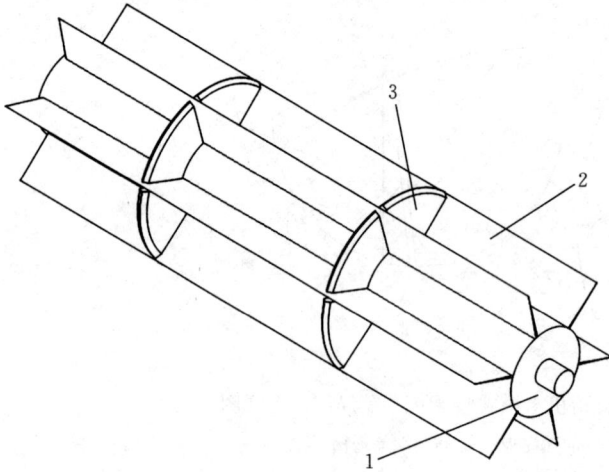

图 6-9　网格刀切膜辊结构　　　　　图 6-10　网格刀切膜辊侧视图
1. 轴辊　2. 轴向切割刀片　3. 横向切割刀片　　　1. 轴辊　2. 轴向切割刀片　3. 横向切割刀片

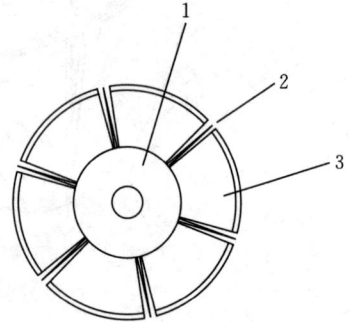

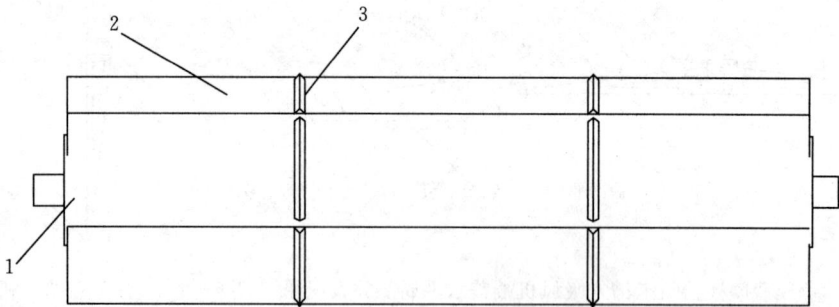

图 6-11　网格刀切膜辊前视图
1. 轴辊　2. 轴向切割刀片　3. 横向切割刀片

　　轴辊圆柱表面沿轴线方向均匀地安装轴向切割刀片，在轴向切割刀片中间安装横向切割刀片，网格刀切膜辊能够将地膜分割，有助于捡拾齿的捡拾，尤其适用于甜菜、豆类等地膜的捡拾，满足负压式残膜捡拾机拾膜的功能需求。

6.5　倾倒式残膜收集框

　　如图 6-12 至图 6-14 所示，倾倒式残膜收集框由梯形圆孔箱体、方孔活动箱盖、吊耳和梯形风机接入口组成。

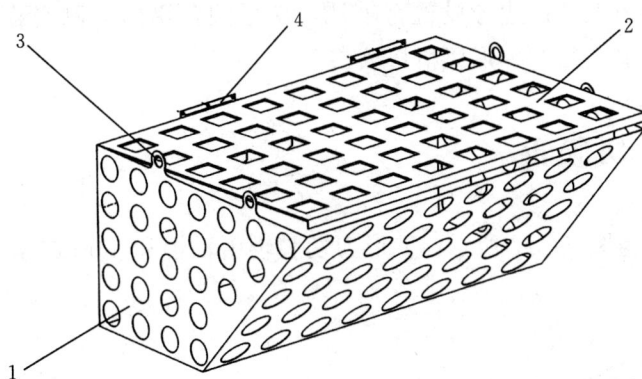

图 6-12　倾倒式残膜收集框结构

1. 梯形圆孔箱体　2. 方孔活动箱盖　3. 吊耳　4. 梯形风机接入口

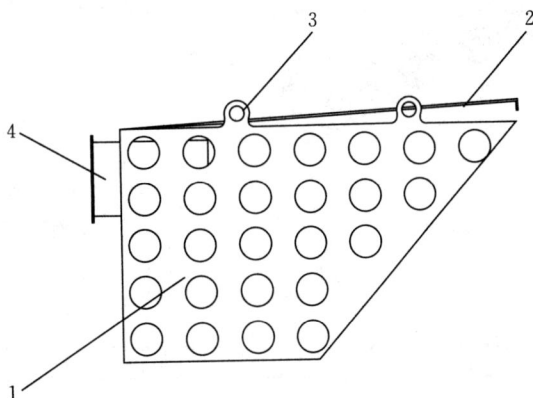

图 6-13　倾倒式残膜收集框侧视图

1. 梯形圆孔箱体　2. 方孔活动箱盖　3. 吊耳　4. 梯形风机接入口

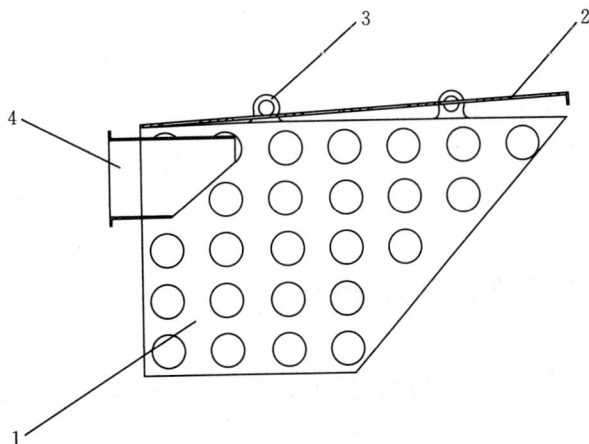

图 6-14　倾倒式残膜收集框剖视图

1. 梯形圆孔箱体　2. 方孔活动箱盖　3. 吊耳　4. 梯形风机接入口

梯形圆孔箱体上开口边缘设置有吊耳，梯形圆孔箱体上侧安装方孔活动箱盖，梯形圆孔箱体后侧安装有梯形风机接入口。

6.6　T形刀切膜辊

如图6-15至图6-17所示，T形刀切膜辊由轴辊和T形破碎刀组成。

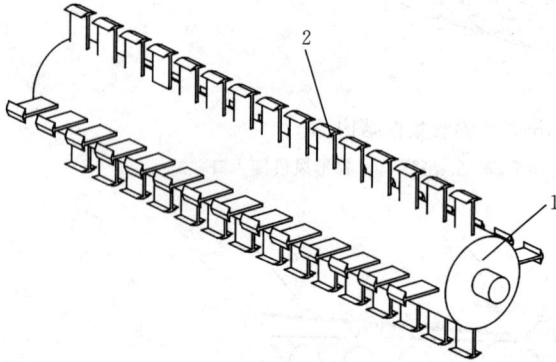

图6-15　T形刀切膜辊结构
1. 轴辊　2. T形破碎刀

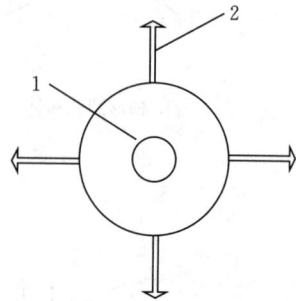

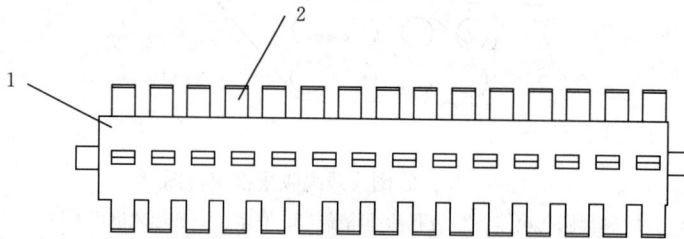

图6-16　T形刀切膜辊侧视图
1. 轴辊　2. T形破碎刀

图6-17　T形刀切膜辊前视图
1. 轴辊　2. T形破碎刀

T形刀切膜辊的轴辊圆柱表面交错安装4排T形破碎刀。T形刀切膜辊能够将地膜分割、作物根茎破碎，有助于捡拾齿的捡拾，特别适合玉米地膜的捡拾，满足了负压式残膜捡拾机前置破碎的功能需求。

6.7　非垄向残膜捡拾机破膜机构

如图6-18所示，非垄向残膜捡拾机破膜机构由机架、左破碎刀排和右破碎刀排组成。

机架左侧下部安装左破碎刀排，右侧下部安装右破碎刀排。本设计的有益效果是结构紧凑、通用件使用较多、造价经济、维修方便，此装置是非垄向残膜捡拾机的重要组成部分，满足了非垄向残膜捡拾机的破碎功能需求。

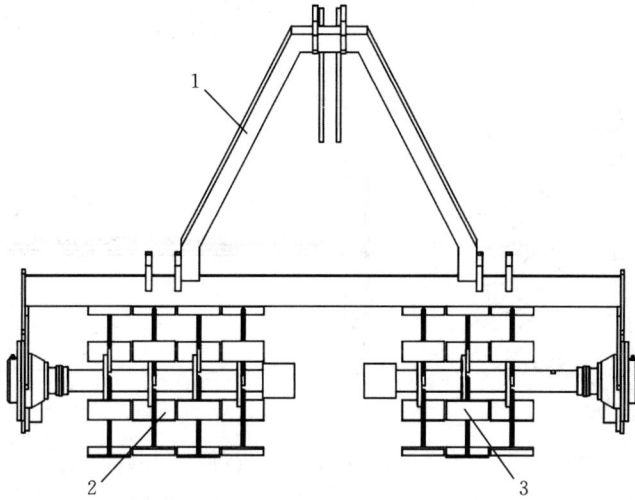

图 6-18　非垄向残膜捡拾机破膜机构

1. 机架　2. 左破碎刀排　3. 右破碎刀排

6.8　Q 形残膜秸秆混合物圆包打包机

如图 6-19 至图 6-22 所示，Q 形残膜秸秆混合物圆包打包机由鸭脖式残膜秸秆入口、固定打包半圆箱、活动打包半圆箱、液压撑开装置和打包辊组成。

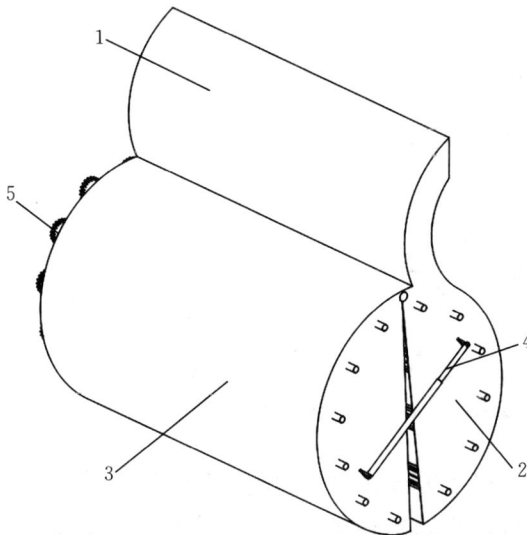

图 6-19　Q 形残膜秸秆混合物圆包打包机结构

1. 鸭脖式残膜秸秆入口　2. 固定打包半圆箱　3. 活动打包半圆箱　4. 液压撑开装置　5. 打包辊

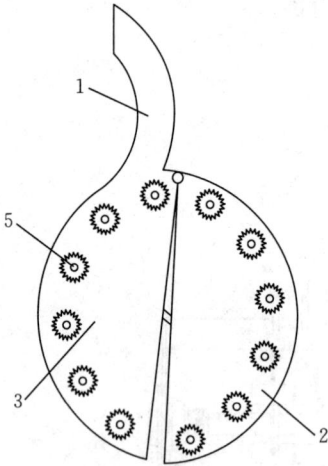

图 6-20　Q形残膜秸秆混合物
圆包打包机侧视图

1. 鸭脖式残膜秸秆入口　2. 固定打包半圆箱
3. 活动打包半圆箱　5. 打包辊

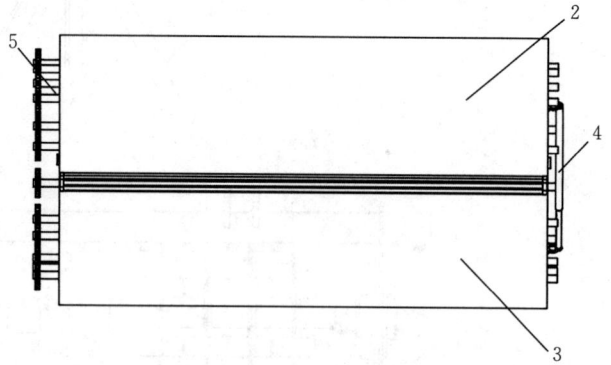

图 6-21　Q形残膜秸秆混合物圆包打包机后视图

2. 固定打包半圆箱　3. 活动打包半圆箱

4. 液压撑开装置　5. 打包辊

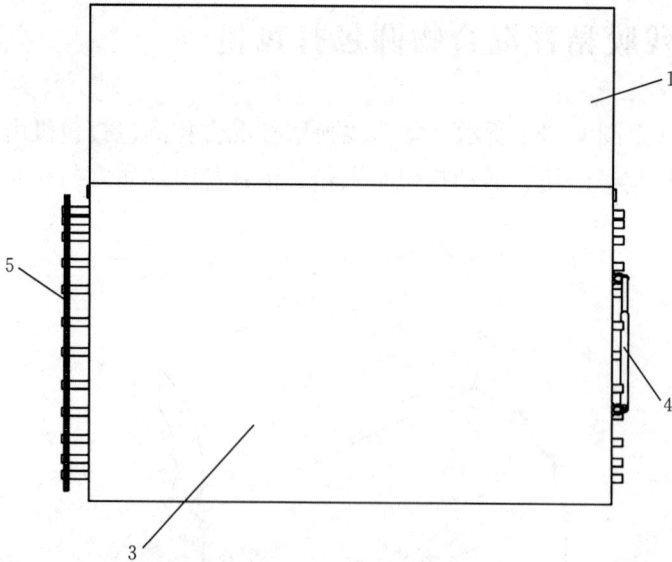

图 6-22　Q形残膜秸秆混合物圆包打包机俯视图
1. 鸭脖式残膜秸秆入口　3. 活动打包半圆箱　4. 液压撑开装置　5. 打包辊

　　鸭脖式残膜秸秆入口下方连接固定打包半圆箱，固定打包半圆箱开口处连接活动打包半圆箱，固定打包半圆箱和活动打包半圆箱侧面安装液压撑开装置，固定打包半圆箱和活动打包半圆箱内部靠近弧形箱体侧均匀地安装打包辊。该设计满足了负压残膜捡拾机残膜秸秆混合物打包的功能需求。

6.9 牵引式负压残膜捡拾机机架

如图6-23至图6-26所示，牵引式负压残膜捡拾机机架由牵引行走底盘、三角形破碎捡拾辊支架、"人"字形可调脱膜辊支架、双风机支撑座、翻转框支架和牵引架组成。

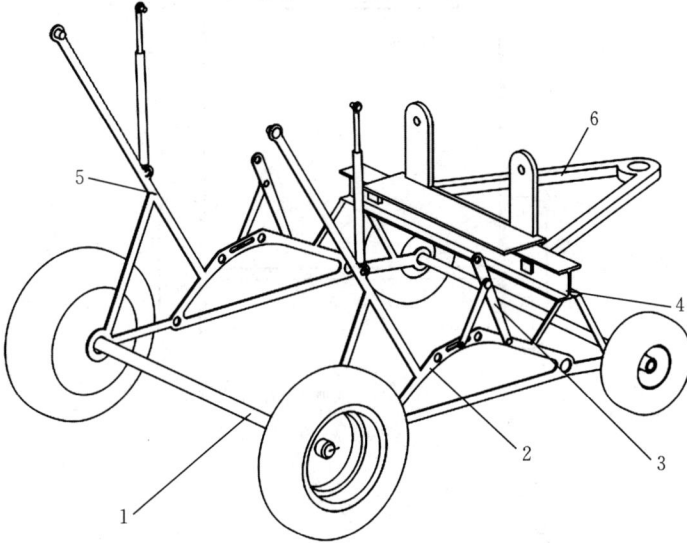

图6-23 牵引式负压残膜捡拾机机架结构

1. 牵引行走底盘 2. 三角形破碎捡拾辊支架 3. "人"字形可调脱膜辊支架 4. 双风机支撑座

5. 翻转框支架 6. 牵引架

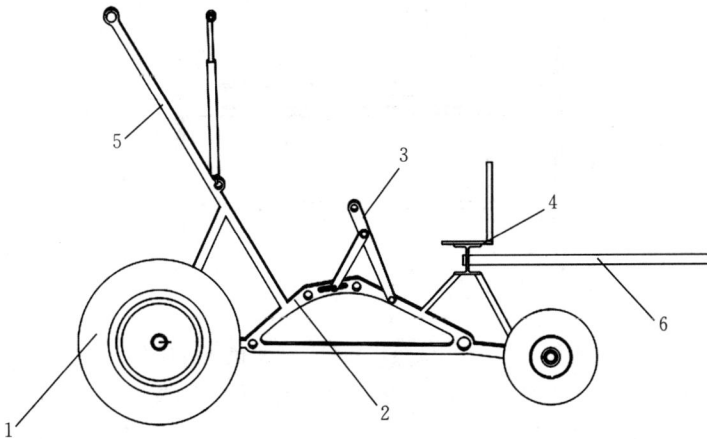

图6-24 牵引式负压残膜捡拾机机架侧视图

1. 牵引行走底盘 2. 三角形破碎捡拾辊支架 3. "人"字形可调脱膜辊支架 4. 双风机支撑座

5. 翻转框支架 6. 牵引架

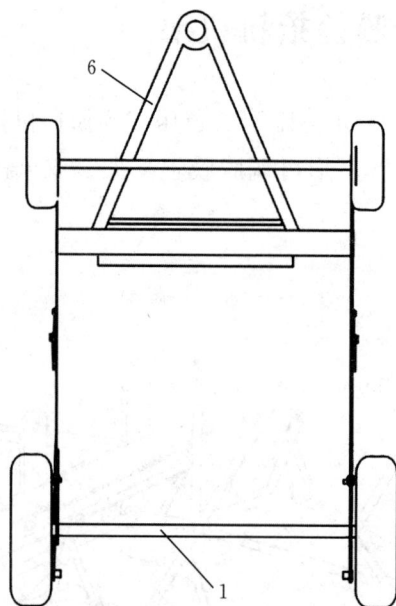

图 6-25 牵引式负压残膜捡拾机机架仰视图
1. 牵引行走底盘　6. 牵引架

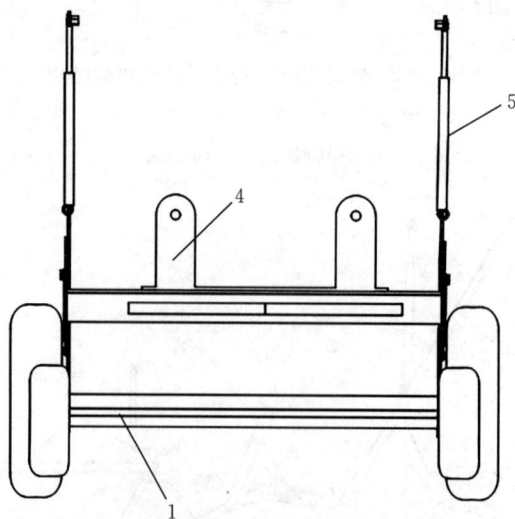

图 6-26 牵引式负压残膜捡拾机机架后视图
1. 牵引行走底盘　4. 双风机支撑座　5. 翻转框支架

　　牵引行走底盘前部安装牵引架，中部安装三角形破碎捡拾辊支架；三角形破碎捡拾辊支架中间上方安装"人"字形可调脱膜辊支架，前侧上方安装双风机支撑座，后侧上方安装翻转框支架。

6.10 自行式残膜捡拾机机架

如图6-27至图6-30所示，自行式残膜捡拾机机架由自行式行走底盘、三角形破碎捡拾辊支架、"人"字形可调脱膜辊支架、双风机支撑座、打包机支架、前捡拾机构悬挂液压杠和后捡拾机构悬挂液压缸组成。

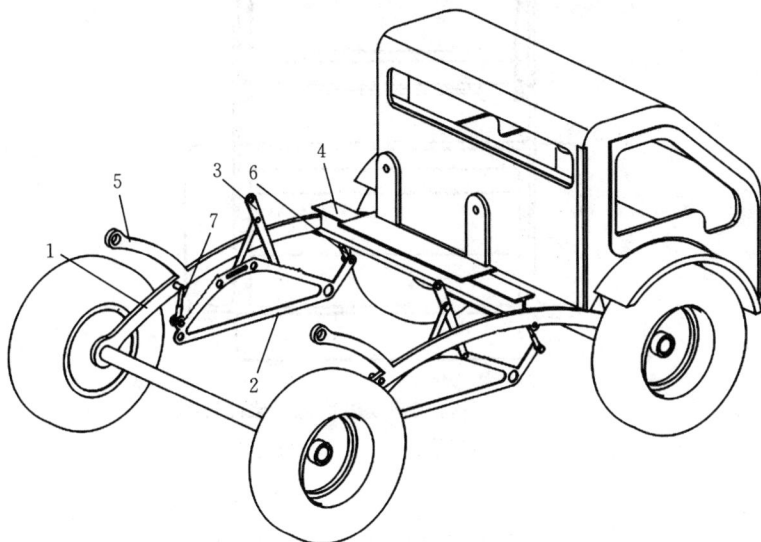

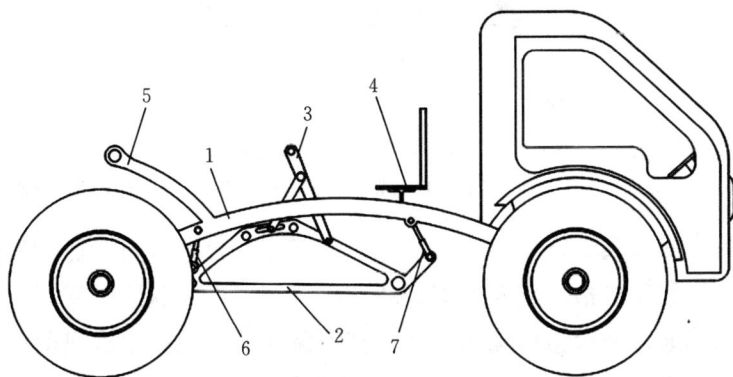

图6-27 自行式残膜捡拾机机架结构

1. 自行式行走底盘 2. 三角形破碎捡拾辊支架 3. "人"字形可调脱膜辊支架 4. 双风机支撑座

5. 打包机支架 6. 前捡拾机构悬挂液压杠 7. 后捡拾机构悬挂液压缸

图6-28 自行式残膜捡拾机机架侧视图

1. 自行式行走底盘 2. 三角形破碎捡拾辊支架 3. "人"字形可调脱膜辊支架 4. 双风机支撑座

5. 打包机支架 6. 前捡拾机构悬挂液压杠 7. 后捡拾机构悬挂液压缸

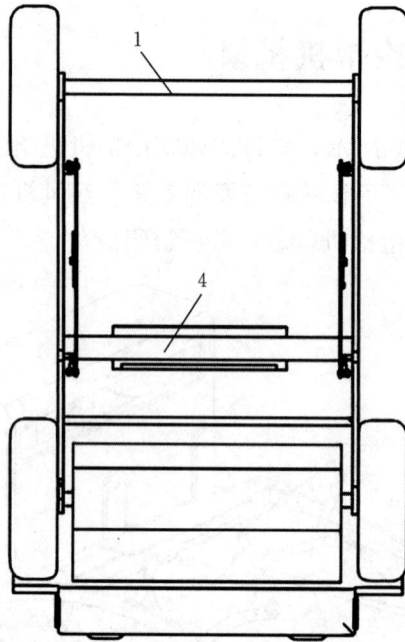

图 6 - 29　自行式残膜捡拾机机架仰视图

1. 自行式行走底盘　4. 双风机支撑座

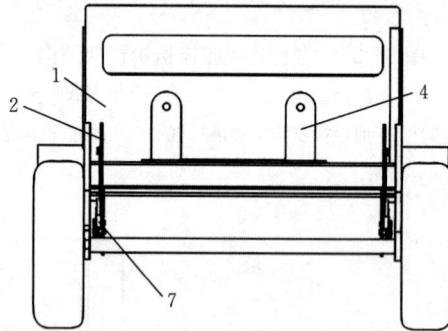

图 6 - 30　自行式残膜捡拾机机架后视图

1. 自行式行走底盘　2. 三角形破碎捡拾辊支架　4. 双风机支撑座　7. 后捡拾机构悬挂液压缸

　　自行式行走底盘驾驶室后方安装双风机支撑座，自行式行走底盘后部安装打包机支架；三角形破碎捡拾辊支架上侧安装"人"字形可调脱膜辊支架，三角形破碎捡拾辊支架前部通过前捡拾机构悬挂液压杠安装在自行式行走底盘前侧下部，三角形破碎捡拾辊支架后部通过后捡拾机构悬挂液压杠安装在自行式行走底盘后侧下部，满足了负压残膜捡拾机支撑和驾驶行走的功能需求。

第 7 章 残膜捡拾机整机设计

昆明理工大学针对南方地形、土质和残膜主要集中在 0～30 cm 耕作层的情况研发的新型残膜捡拾机[1]，主要部件有密封室、搅拌刀具、鼓风机、吸风机、吸风罩、后拦截网、前拦截网等。密封室采用五面密闭、后面敞开的结构，在密封室的一侧设置 3 台鼓风机，另一侧设置 2 台吸风机。在搅拌刀具的前后端，分别设置前拦截网和后拦截网，拦截网与机架呈一定的倾斜角度安装。当残膜捡拾机构在田间作业时，前部的起土铲将含有残膜土壤从地面铲起剥离后移送到输送带上，在输送网带上方设有一套搅拌刀具，对输送带上的土壤进行逆旋耕，并将其抛洒在密封室的吹吸气流场中，由于在抛土区域内部的大部分长条残膜和大片残膜是被土壤裹挟着一起做抛掷运动，仅仅靠风力是无法将其分离的，所以在搅拌刀具前后合适的位置分别设置前拦截网和后拦截网，拦截网在受到土膜混合物的冲击后能产生一定的变形，增加了冲击过程的时间，有效地化解了膜土混合物的冲击力，而拦截网与机架呈 70°左右夹角安装，大于土壤的安息角，使那些无法穿过网孔的土堡、根茬等较大的密度物质能下落、翻滚回到输送带或田中；同时，由于地膜质量较轻，并有一定的表面积，它所受的风力远大于所受的重力，所以被正压气流"压死"在拦截网表面，而不会随着下落的土壤又落回田中，最终实现了残膜捡拾。田间测试结果表明，该机重约 600 kg，尺寸约为 2.5 m×2.0 m×1.7 m，牵引动力采用 50 马力*以上拖拉机，作业幅宽 1.1 m，工作深度 0～40 cm，碎膜捡拾率≥80%，整膜捡拾率≥90%，作业效率约 420 m² · h，现已推广使用面积约 141 hm²。

山东理工大学设计的 CMJD‐1500 型残膜捡拾打包机[2]，作业时，拖拉机牵引机具前行，快速旋转的清杂辊将集条残膜抛起，在旋转离心力的作用下，残膜和土块等杂质实现初步分离；偏心捡拾滚筒顺时针旋转，伸出的捡拾弹齿勾住清杂辊上的残膜并沿滚筒向上输送，输送过程中混杂在残膜中的土块、茎秆在自重及机具振动的作用下陆续下落，实现二次膜杂分离；捡拾弹齿上的残膜继续向上输送，至脱膜辊下部时，捡拾弹齿缩进滚筒内，逆时针旋转的脱膜辊将残膜抛送至集膜箱，收集的残膜经液压缸压缩成型后以方包形式卸出，一次作业即可实现残膜捡拾及打包

---

* 马力为非法定计量单位，1 马力=735W。

联合作业。田间试验结果表明，CMJD-1500 型残膜捡拾打包机残膜捡拾率均值为 94.67%，压包成型率均值为 95.88%，符合国家相关标准的要求，满足黄河三角洲地区机械化残膜捡拾、打包的作业需求。

新疆农垦科学院机械装备研究所和中国农业大学工学院为了降低残膜储运成本、提高机收残膜回收利用率，研究设计了 CMJY-1500 型农田残膜捡拾打包联合作业机[3]。该机型主要由捡拾机构、脱膜机构、打包机构、传动系统、地轮和机架等组成。其中，捡拾机构包括弹齿、弹齿固定机构和脱膜滚筒，弹齿固定机构与脱膜滚筒为偏心配置，弹齿脱膜滚筒下部偏前进方向伸出长度达到最大。脱膜机构由脱膜辊筒、刮板、外罩组成，打包机构包括 3 个液压油缸、液压系统、控制系统、打包箱体。机具作业由拖拉机牵引连接机架的牵引架行进，旋转的齿钉辊将混有土壤、秸秆和残膜的物料抛起，捡拾机构将残膜钩起，向上输送至脱膜辊筒下部，弹齿缩进脱膜滚筒内，小脱膜辊与大脱膜辊将输送的残膜拨送至后部的打包机构的打包箱体内，待残膜储存到一定量的时候，启动液压油缸控制系统进行压缩，最后在油缸推力作用下推出，掉落到地面。整机动力由拖拉机后动力输出轴通过万向节传输给动力输入轴，传动给整机捡拾机构、脱膜机构和液压系统。CMJY-1500 型农田残膜捡拾打包联合作业机能够一次完成残膜的捡拾、清理、打包作业，通过残膜捡拾清理机构作业，残膜拾净率达 92.8%；残膜打包机构通过液压油缸驱动，可实现自动行程控制，残膜进入打包箱体后，被压缩成型并以方捆形式卸料，单包成型仅耗时 58 s，成捆率可达 94%。

新疆农业科学院农业机械化研究所研制的 4JSM-2.1 型牵引式棉花秸秆还田及残膜回收联合作业机[4]是一种典型的棉花秸秆还田与滚筒式残膜回收联合作业的农用机械，包括牵引架、脱膜机构、棉花秸秆输送罩、翻转膜箱、行走机构、松土齿、挑膜滚筒、边膜铲、限深轮和秸秆切碎部件等，工作时，拖拉机与机具牵引架相连，提供支撑与动力输出，秸秆粉碎部件进行棉秆粉碎，粉碎后经过输送罩还田，松土齿松软土壤，降低了挑膜齿的磨损；挑膜滚筒转动将地膜挑起，到达脱膜机构，将地膜从挑膜齿上脱落并送到翻转膜箱。

江苏大学针对残膜回收机存在的根茬难处理、残膜漏捡和作业效果不佳等问题，设计了一种集根茬处理和残膜回收功能于一体的组合式残膜回收机[5]，上输送齿链组合式残膜回收机主要由悬挂装置、变速箱、机架、传动系统、齿链拾膜机构、卸膜刮板、脱膜辊、集膜箱、地轮、拾膜滚筒、起膜铲、集茬箱、输送网链和旋耕起茬装置组成，上输送齿链组合式残膜回收机工作时由拖拉机牵引，拖拉机动力输出轴通过变速箱将动力传递给旋耕起茬装置和齿链拾膜装置。旋耕起茬装置起到松土和起茬的作用，旋起的土壤和根茬等被抛至输送网链，以漏掉膜土混合物，起到膜茬分离的作用，留在网链上的作物根茬被输送至集茬箱。机具前进时，先由齿链拾膜机构完成一次捡拾，其转向与机具前进方向一致，捡拾率更高且对膜的撕裂作用更小，拾起膜残膜经过脱膜刮板，在前进气流的作用下向后落入集膜箱内，对于漏捡、回带和掉落的残膜由拾膜滚筒完成二次捡拾，通过脱膜辊卸入集膜箱内。齿链拾膜机构的弹齿与拾膜滚筒的弧形齿错位排布，便于脱下回带的残膜，位于齿链拾膜机构下方的起膜铲起到托起残膜便于捡拾的作用。整机工作时，具有松土、起茬集茬和回收残膜的多重功能，作业效果比较理想。

7.1　单拾单脱型残膜捡拾机

如图 7-1 和图 7-2 所示，单拾单脱型残膜捡拾机由单拾单脱型捡拾机外壳装置、叉形残膜捡拾辊机构以及"亚"字形柔性脱膜辊机构组成，单拾单脱型捡拾机外壳装置内侧前部安装叉形残膜捡拾辊机构，内侧后部安装"亚"字形柔性脱膜辊机构。

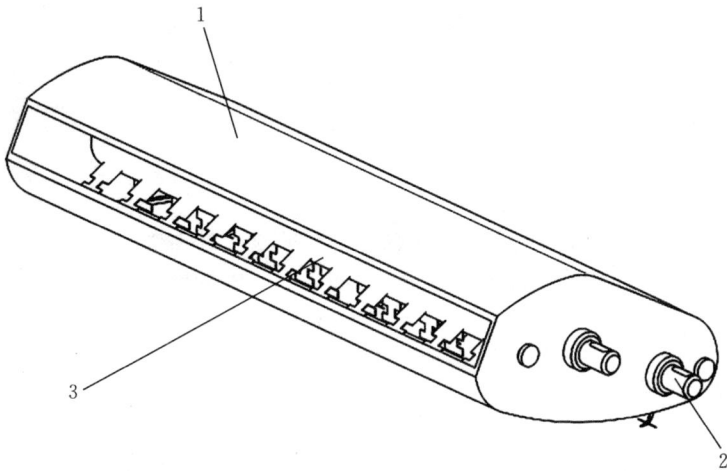

图 7-1　单拾单脱型残膜捡拾机结构

1. 单拾单脱型捡拾机外壳装置　2. 叉形残膜捡拾辊机构　3. "亚"字形柔性脱膜辊机构

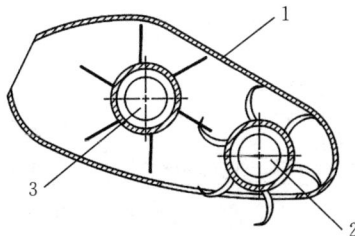

图 7-2　单拾单脱型残膜捡拾机剖视图

1. 单拾单脱型捡拾机外壳装置　2. 叉形残膜捡拾辊机构　3. "亚"字形柔性脱膜辊机构

　　如图7-3至图7-5所示，单拾单脱型残膜捡拾机外壳装置由壳体、排膜口、捡拾齿伸出口、右脱膜辊轴颈安装孔、右捡拾辊轴颈安装孔、右上吊耳、右下吊耳、左脱膜辊轴颈安装孔、左捡拾辊轴颈安装孔、左上吊耳及左下吊耳组成，壳体后侧设置有排膜口，壳体下侧设置有捡拾齿伸出口；壳体右侧分别安装右脱膜辊轴颈安装孔、右捡拾辊轴颈安装孔、右上吊耳及右下吊耳；壳体左侧分别安装左脱膜辊轴颈安装孔、左捡拾辊轴颈安装孔、左上吊耳及左下吊耳。

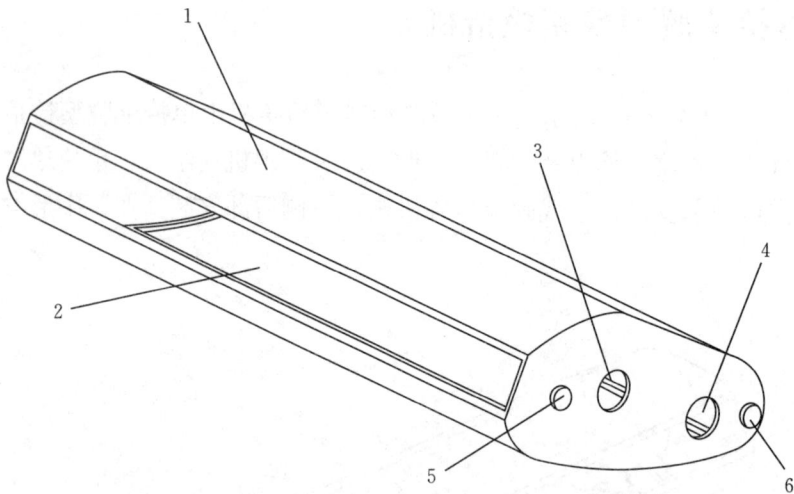

图7-3　单拾单脱型捡拾机外壳装置结构

1. 壳体　2. 排膜口　3. 捡拾齿伸出口　4. 右捡拾辊轴颈安装孔

5. 右上吊耳　6. 右下吊耳

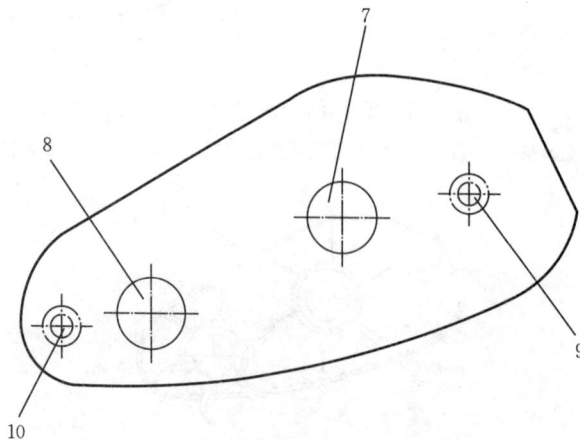

图7-4　单拾单脱型捡拾机外壳装置侧视图

7. 左脱膜辊轴颈安装孔　8. 左捡拾辊轴颈安装孔　9. 左上吊耳　10. 左下吊耳

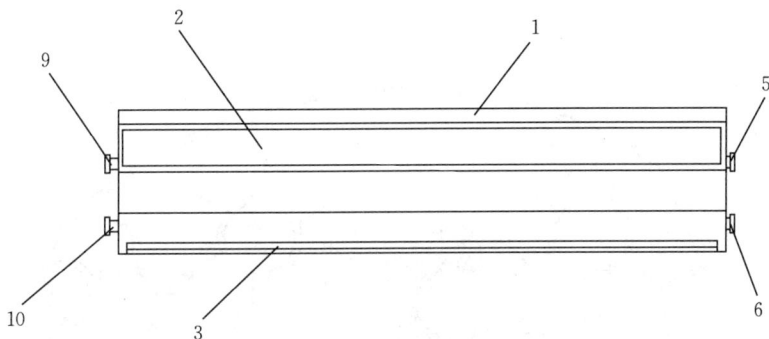

图 7-5　单拾单脱型捡拾机外壳装置前视图

1. 壳体　2. 排膜口　3. 捡拾齿伸出口　5. 右上吊耳　6. 右下吊耳

9. 左上吊耳　10. 左下吊耳

7.2　液压调节式双拾双脱型残膜捡拾机

如图 7-6 和图 7-7 所示，液压调节式双拾双脱型残膜捡拾机由液压调节式双拾双脱型捡拾机外壳装置、两套叉形残膜捡拾辊机构以及两套"亚"字形柔性脱膜辊机构组成。液压调节式双拾双脱型捡拾机外壳装置内侧前部安装叉形残膜捡拾辊机构，外壳装置内侧后部安装"亚"字形柔性脱膜辊机构。

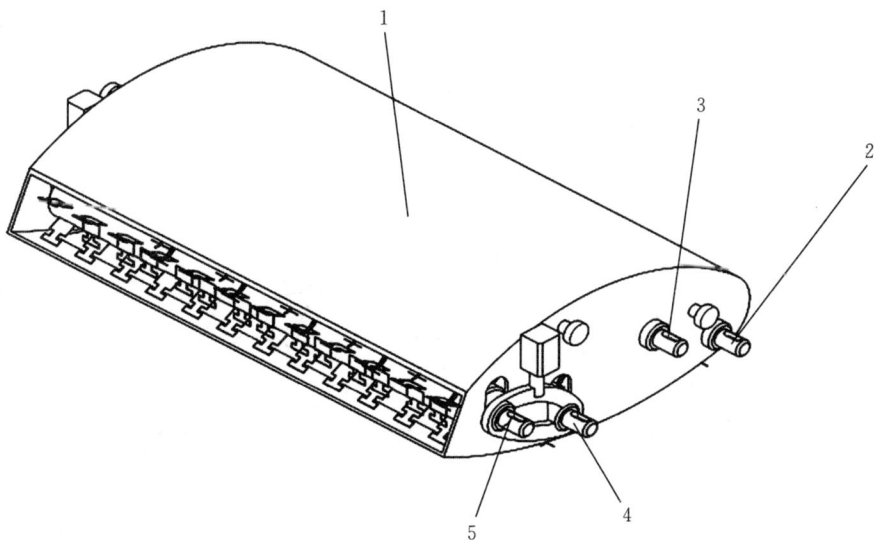

图 7-6　液压调节式双拾双脱型残膜捡拾机结构

1. 液压调节式双拾双脱型捡拾机外壳装置　2. 叉形残膜捡拾辊机构

3. "亚"字形柔性脱膜辊机构　4. 叉形残膜捡拾辊机构　5. "亚"字形柔性脱膜辊机构

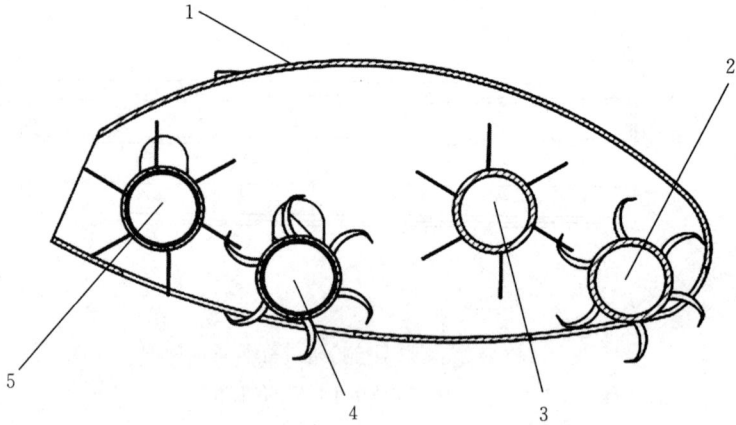

图 7-7　液压调节式双拾双脱型残膜捡拾机剖视图

1. 液压调节式双拾双脱型捡拾机外壳装置　2. 叉形残膜捡拾辊机构

3. "亚"字形柔性脱膜辊机构　4. 叉形残膜捡拾辊机构　5. "亚"字形柔性脱膜辊机构

如图 7-8 至图 7-10 所示，液压调节式双拾双脱型捡拾机外壳装置由壳体、排膜口、后捡拾齿伸出口、前捡拾齿伸出口、右液压提升系统、左液压提升系统、右提升架、左提升架、右上吊耳、右下吊耳、右前捡拾辊轴颈安装孔、右前脱膜辊轴颈安装孔、右后捡拾辊轴颈可调安装孔、右后脱膜辊轴颈可调安装孔、左上吊耳、左前捡拾辊轴颈安装孔、左下吊耳、左前脱膜辊轴颈安装孔、左后捡拾辊轴颈可调安装孔及左后脱膜辊轴颈可调安装孔组成。

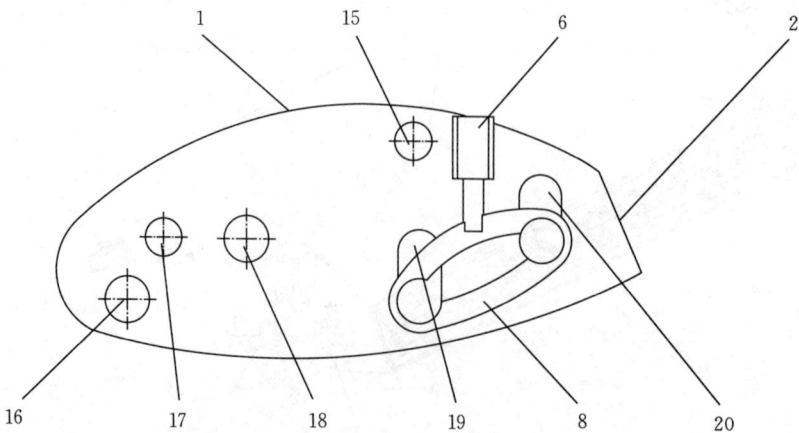

图 7-8　液压调节式双拾双脱型捡拾机外壳侧视图

1. 壳体　2. 排膜口　6. 左液压提升系统　8. 左提升架　15. 左上吊耳

16. 左前捡拾辊轴颈安装孔　17. 左下吊耳　18. 左前脱膜辊轴颈安装孔

19. 左后捡拾辊轴颈可调安装孔　20. 左后脱膜辊轴颈可调安装孔

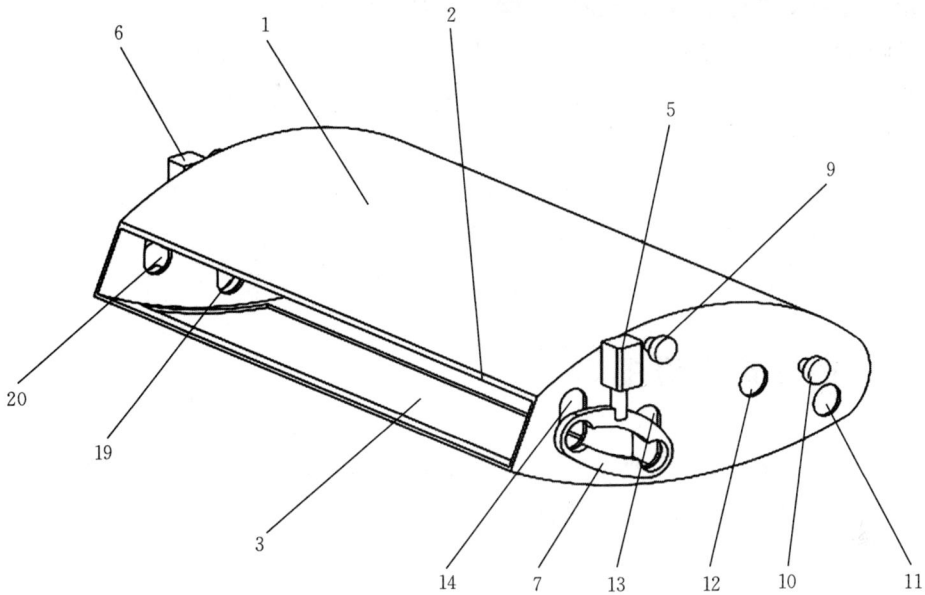

图 7-9　液压调节式双拾双脱型捡拾机外壳机构

1. 壳体　2. 排膜口　3. 后捡拾齿伸出口　5. 右液压提升系统　6. 左液压提升系统　7. 右提升架

9. 右上吊耳　10. 右下吊耳　11. 右前捡拾辊轴颈安装孔　12. 右前脱膜辊轴颈安装孔

13. 右后捡拾辊轴颈可调安装孔　14. 右后脱膜辊轴颈可调安装孔

19. 左后捡拾辊轴颈可调安装孔　20. 左后脱膜辊轴颈可调安装孔

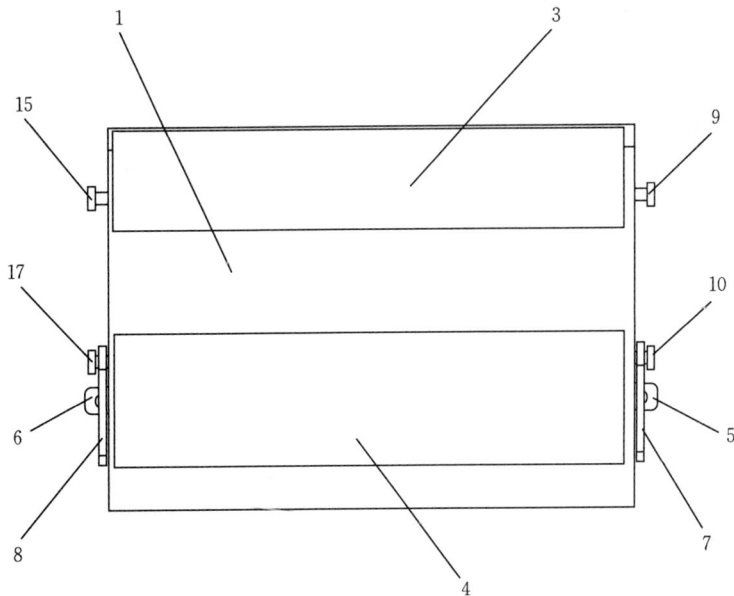

图 7-10　液压调节式双拾双脱型捡拾机外壳前视图

1. 壳体　3. 后捡拾齿伸出口　4. 前捡拾齿伸出口　5. 右液压提升系统　6. 左液压提升系统

7. 右提升架　8. 左提升架　9. 右上吊耳　10. 右下吊耳　15. 左上吊耳　17. 左下吊耳

壳体后侧设置有排膜口；壳体下侧设置有后捡拾齿伸出口和前捡拾齿伸出口；壳体右侧安装右液压提升系统、右上吊耳及右下吊耳，右液压提升系统下部安装右提升架；壳体右侧前部设置有右前捡拾辊轴颈安装孔和右前脱膜辊轴颈安装孔；壳体右侧后部设置有右后捡拾辊轴颈可调安装孔和右后脱膜辊轴颈可调安装孔；壳体左侧安装左液压提升系统、左上吊耳及左下吊耳，左液压提升系统下部安装左提升架；壳体左侧前部设置有左前捡拾辊轴颈安装孔和左前脱膜辊轴颈安装孔；壳体左侧后部设置有左后捡拾辊轴颈可调安装孔和左后脱膜辊轴颈可调安装孔。

7.3 夹指带式捡拾机

如图 7-11 和图 7-12 所示，夹指带式捡拾机由机架、Y 形残膜夹指机构、专用捡拾带和 Y 形残膜夹指固定环组成。

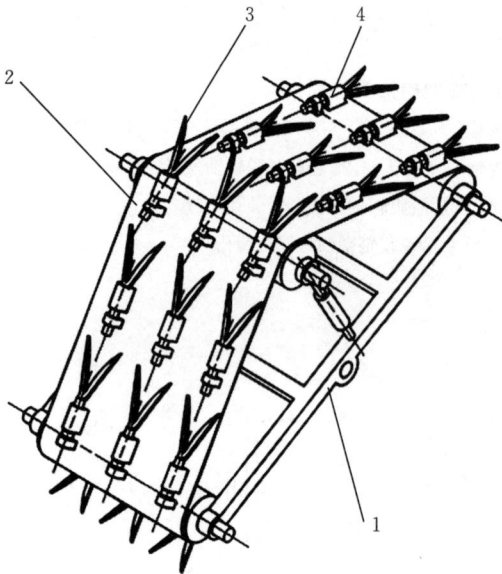

图 7-11 夹指带式捡拾机结构
1. 机架　2. Y 形残膜夹指机构
3. 专用捡拾带　4. Y 形残膜夹指固定环

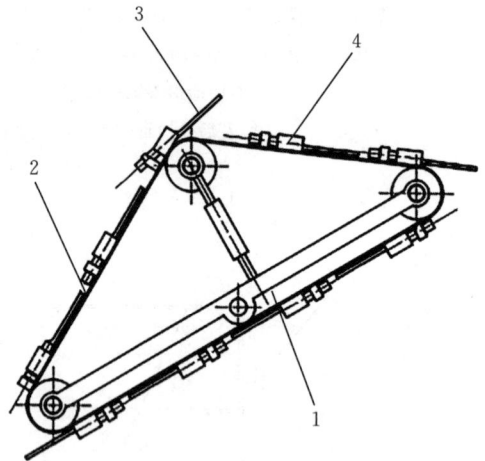

图 7-12 夹指带式捡拾机侧视图
1. 机架　2. Y 形残膜夹指机构
3. 专用捡拾带　4. Y 形残膜夹指固定环

机架外侧安装有专用捡拾带，专用捡拾带外侧均匀地安装有 Y 形残膜夹指固定环，Y 形残膜夹指固定环上安装 Y 形残膜夹指机构。

7.4 静电吸附式残膜捡拾机

如图 7-13 至图 7-15 所示，静电吸附式残膜捡拾机由机架、间歇式静电吸附带、粉碎扬尘辊、分离辊和导线组成。

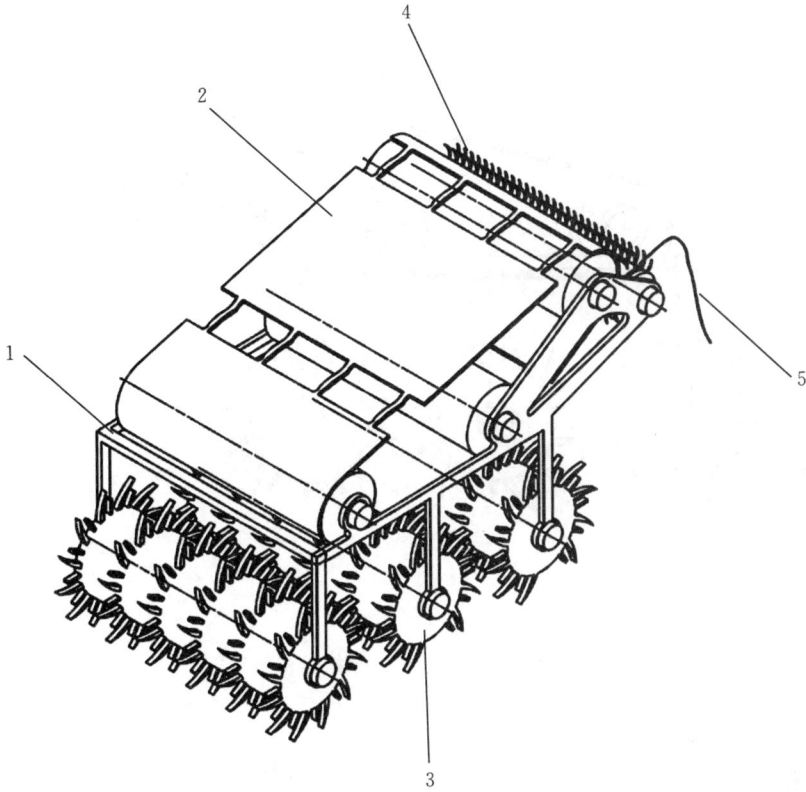

图 7 - 13　静电吸附式残膜捡拾机结构

1. 机架　2. 间歇式静电吸附带　3. 粉碎扬尘辊　4. 分离辊　5. 导线

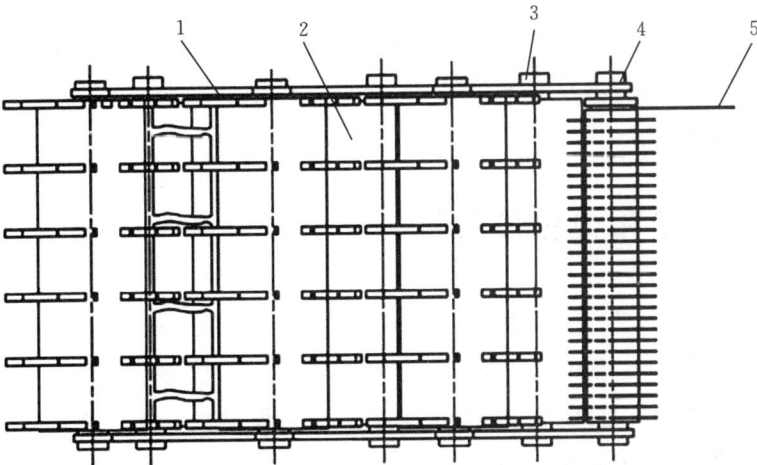

图 7 - 14　静电吸附式残膜捡拾机俯视图

1. 机架　2. 间歇式静电吸附带　3. 粉碎扬尘辊　4. 分离辊　5. 导线

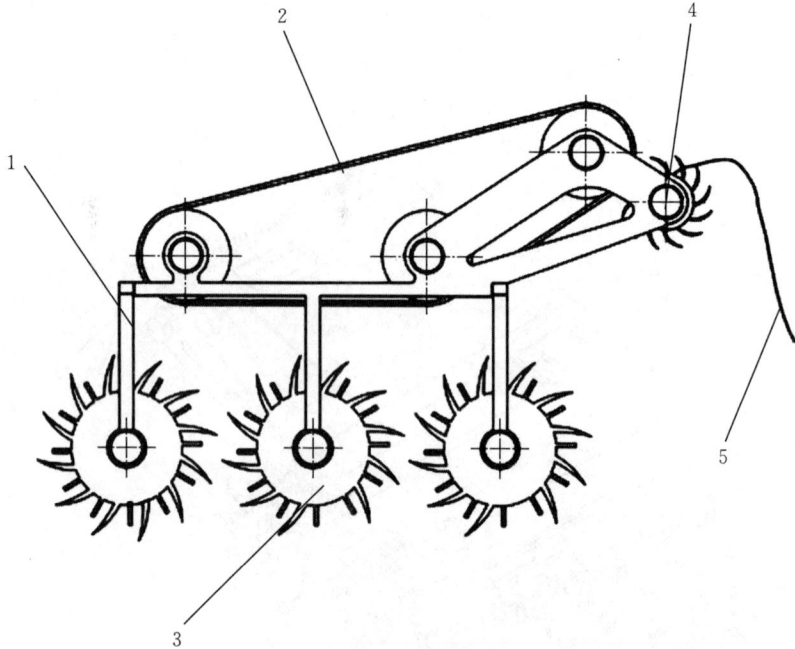

图 7-15 静电吸附式残膜捡拾机侧视图

1. 机架 2. 间歇式静电吸附带 3. 粉碎扬尘辊 4. 分离辊 5. 导线

机架下部安装 3 组粉碎扬尘辊，机架上部传动辊安装间歇式静电吸附带，在间歇式静电吸附带前端安装分离辊，间歇式静电吸附带一侧安装导线。导线为间歇式静电吸附带中带电部分传导静电。在工作过程中，粉碎扬尘辊将残膜与秸秆切碎后，抛扬至间歇式静电吸附带下部，间歇式静电吸附带带电部分通过下部时因静电吸附作用，将残膜与秸秆碎片吸附在上面。当间歇式静电吸附带带电部分离开导线供电部位时，随着重力及分离辊的作用，将残膜和秸秆碎末与间歇式静电吸附带分开，实现残膜捡拾。

7.5 牵引式负压残膜捡拾机

如图 7-16 至图 7-20 所示，牵引式负压残膜捡拾机由牵引式残膜捡拾机机架、T 形刀切膜辊、L 形残膜捡拾弹齿机构、软硬结合式脱膜辊、负压吸风机、L 形腹背尘土分离箱、残膜负压捡拾机活动连接箱和倾倒式残膜收集箱组成。

牵引式捡拾机机架前下方安装 T 形刀切膜辊，机架中部下方安装 L 形残膜捡拾弹齿机构；L 形残膜捡拾弹齿机构上侧设置软硬结合式脱膜辊，软硬结合式脱膜辊后方设置负压吸风机，负压吸风机出口安装 L 形腹背尘土分离箱；L 形腹背尘土分离箱出口安装残膜负压捡拾机活动连接箱，残膜负压捡拾机活动连接箱出口连接倾倒式残膜收集箱。

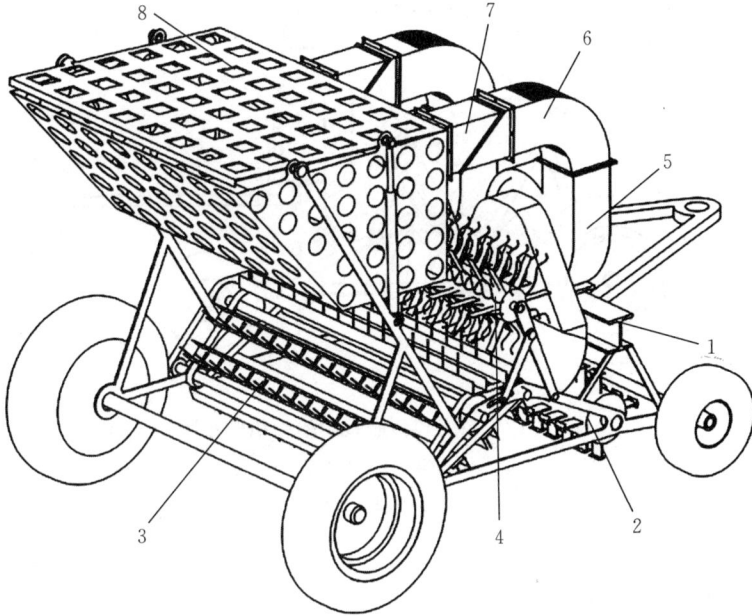

图 7-16　牵引式负压残膜捡拾机结构

1. 牵引式残膜捡拾机机架　2. T 形刀切膜辊　3. L 形残膜捡拾弹齿机构　4. 软硬结合式脱膜辊
5. 负压吸风机　6. L 形腹背尘土分离箱　7. 残膜负压捡拾机活动连接箱　8. 倾倒式残膜收集箱

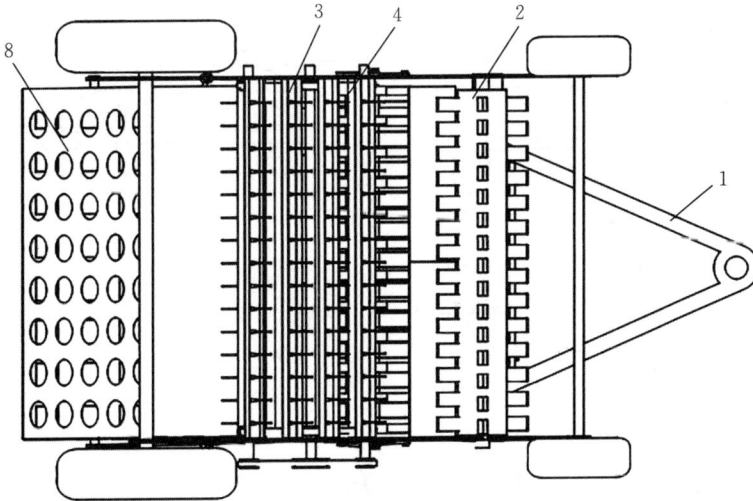

图 7-17　牵引式负压残膜捡拾机俯视图

1. 牵引式残膜捡拾机机架　2. T 形刀切膜辊　3. L 形残膜捡拾弹齿机构
4. 软硬结合式脱膜辊　8. 倾倒式残膜收集箱

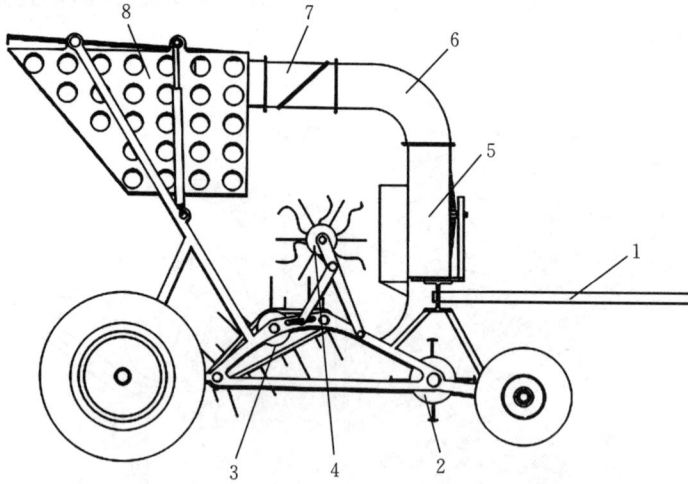

图 7-18　牵引式负压残膜捡拾机侧视图

1. 牵引式残膜捡拾机机架　2.T 形刀切膜辊　3.L 形残膜捡拾弹齿机构　4. 软硬结合式脱膜辊

5. 负压吸风机　6.L 形腹背尘土分离箱　7. 残膜负压捡拾机活动连接箱　8. 倾倒式残膜收集箱

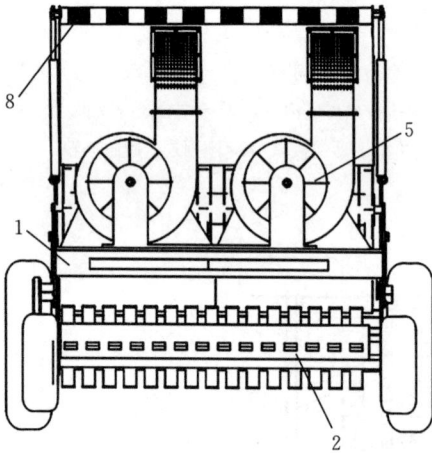

图 7-19　牵引式负压残膜捡拾机前视图

1. 牵引式残膜捡拾机机架　2.T 形刀切膜辊

5. 负压吸风机　8. 倾倒式残膜收集箱

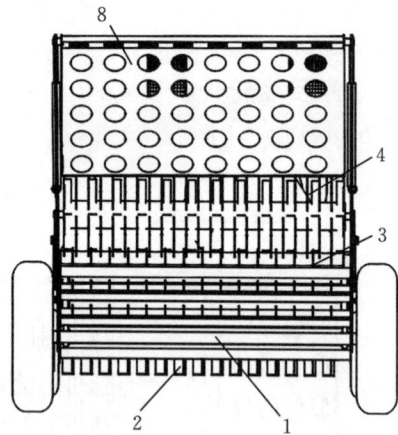

图 7-20　牵引式负压残膜捡拾机后视图

1. 牵引式残膜捡拾机机架　2.T 形刀切膜辊

3.L 形残膜捡拾弹齿机构　4. 软硬结合式脱膜辊

8. 倾倒式残膜收集箱

7.6　牵引式负压残膜捡拾打包机

　　如图 7-21 至图 7-25 所示，牵引式负压残膜捡拾打包机由牵引式残膜捡拾机机架、T 形刀切膜辊、残膜带传动弹齿捡拾机构、软硬结合式脱膜辊、负压吸风

机、L 形腹背尘土分离箱、转轮式残膜除土风箱和 Q 形残膜秸秆混合物圆包打包
机组成。

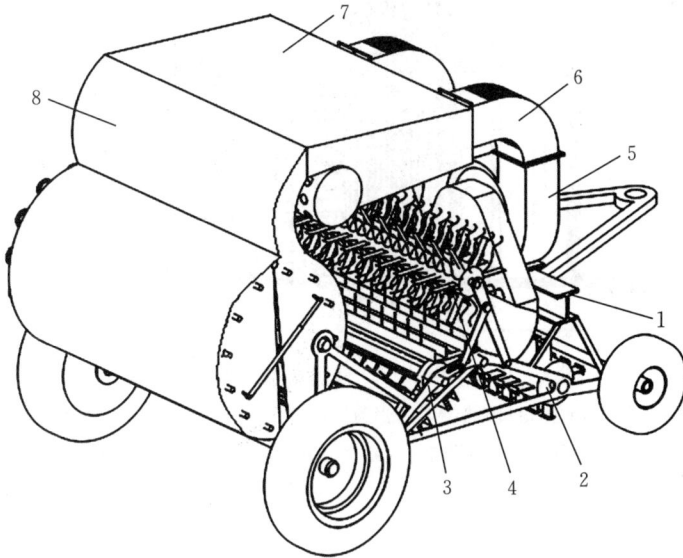

图 7 - 21　牵引式负压残膜捡拾打包机结构

1. 牵引式残膜捡拾机机架　2. T 形刀切膜辊　3. 残膜带传动弹齿捡拾机构

4. 软硬结合式脱膜辊　5. 负压吸风机　6. L 形腹背尘土分离箱　7. 转轮式残膜除土风箱

8. Q 形残膜秸秆混合物圆包打包机

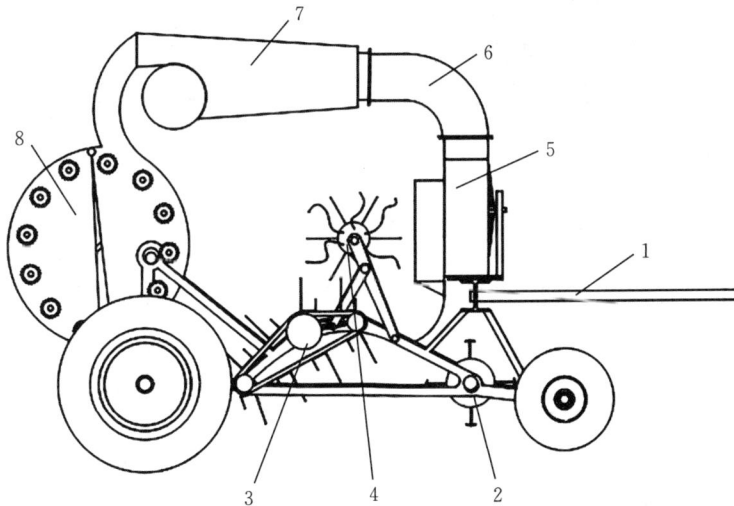

图 7 - 22　牵引式负压残膜捡拾打包机侧视图

1. 牵引式残膜捡拾机机架　2. T 形刀切膜辊　3. 残膜带传动弹齿捡拾机构

4. 软硬结合式脱膜辊　5. 负压吸风机　6. L 形腹背尘土分离箱　7. 转轮式残膜除土风箱

8. Q 形残膜秸秆混合物圆包打包机

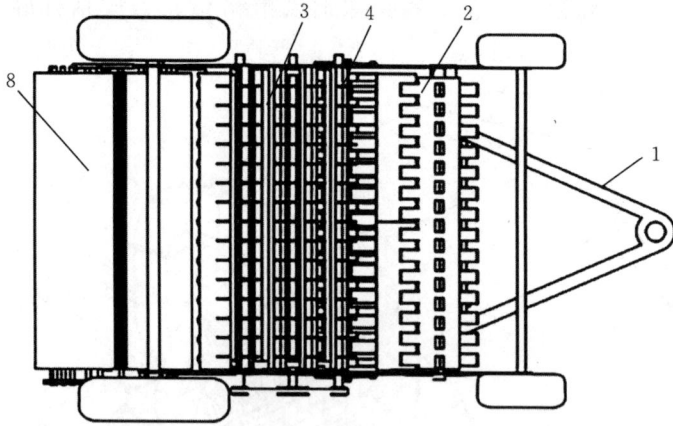

图 7-23　牵引式负压残膜捡拾打包机仰视图

1. 牵引式残膜捡拾机机架　2. T 形刀切膜辊　3. 残膜带传动弹齿捡拾机构

4. 软硬结合式脱膜辊　8. Q 形残膜秸秆混合物圆包打包机

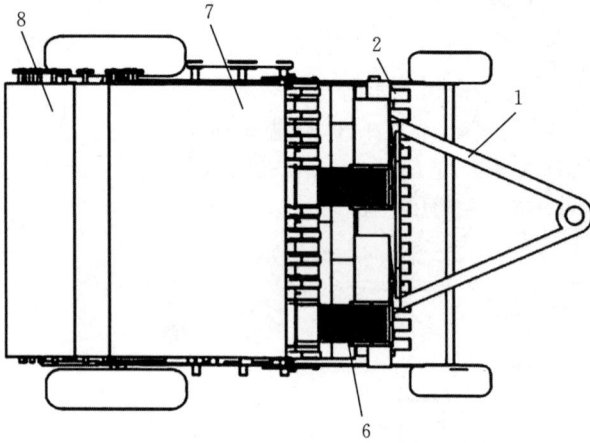

图 7-24　牵引式负压残膜捡拾打包机俯视图

1. 牵引式残膜捡拾机机架　2. T 形刀切膜辊

6. L 形腹背尘土分离箱　7. 转轮式残膜除土风箱

8. Q 形残膜秸秆混合物圆包打包机

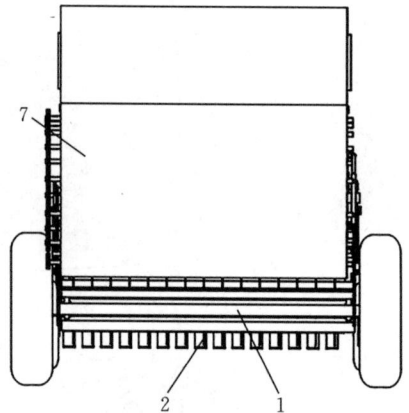

图 7-25　牵引式负压残膜捡拾
打包机后视图

1. 牵引式残膜捡拾机机架　2. T 形刀切膜辊

7. 转轮式残膜除土风箱

　　牵引式残膜捡拾机机架前下方安装 T 形刀切膜辊，机架中部下方安装残膜带传动弹齿捡拾机构，残膜带传动弹齿捡拾机构上侧设置软硬结合式脱膜辊，软硬结合式脱膜辊后方设置负压吸风机，负压吸风机出口安装 L 形腹背尘土分离箱，L 形腹背尘土分离箱出口安装转轮式残膜除土风箱，转轮式残膜除土风箱出口连接 Q 形残膜秸秆混合物圆包打包机。本设计的有益效果是结构简单、造价经济、维修方便、捡拾效率高，在捡拾的同时，完成残膜秸秆打包，方便了下一步处理，满足了残膜捡拾的功能需求。

7.7 自行式负压残膜捡拾打包机

如图 7 - 26 至图 7 - 29 所示，自行式负压残膜捡拾打包机由自行式残膜捡拾打包机机架、T 形刀切膜辊、残膜带传动弹齿捡拾机构、软硬结合式脱膜辊、负压吸风机、L 形腹背尘土分离箱、转轮式残膜除土风箱和 Q 形残膜秸秆混合物圆包打包机组成。

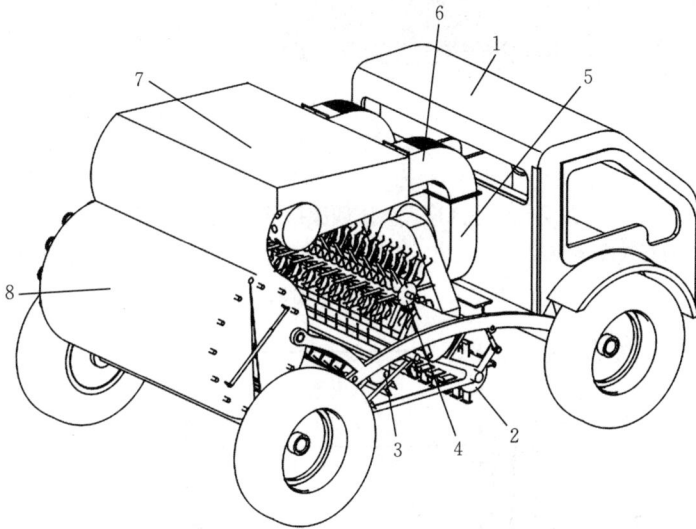

图 7 - 26 自行式负压残膜捡拾打包机结构

1. 自行式残膜捡拾打包机机架 2. T 形刀切膜辊 3. 残膜带传动弹齿捡拾机构 4. 软硬结合式脱膜辊

5. 负压吸风机 6. L 形腹背尘土分离箱 7. 转轮式残膜除土风箱 8. Q 形残膜秸秆混合物圆包打包机

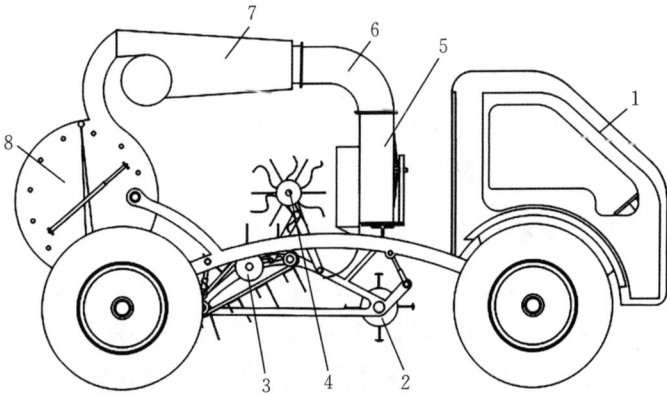

图 7 - 27 自行式负压残膜捡拾打包机侧视图

1. 自行式残膜捡拾打包机机架 2. T 形刀切膜辊 3. 残膜带传动弹齿捡拾机构 4. 软硬结合式脱膜辊

5. 负压吸风机 6. L 形腹背尘土分离箱 7. 转轮式残膜除土风箱 8. Q 形残膜秸秆混合物圆包打包机

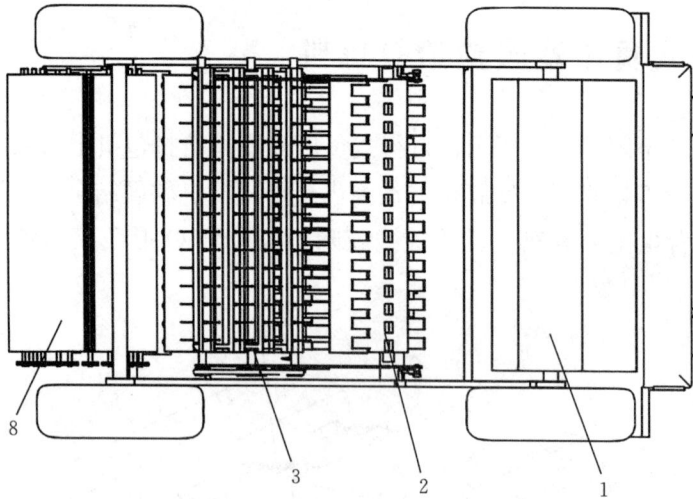

图7-28　自行式负压残膜捡拾打包机俯视图

1. 自行式残膜捡拾打包机机架　2. T形刀切膜辊　3. 残膜带传动弹齿捡拾机构

8. Q形残膜秸秆混合物圆包打包机

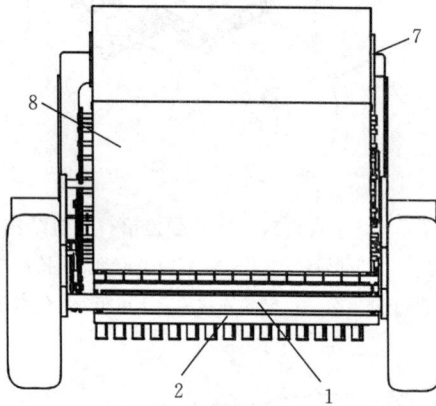

图7-29　自行式负压残膜捡拾打包机后视图

1 自行式残膜捡拾打包机机架　2. T形刀切膜辊　7. 转轮式残膜除土风箱

8. Q形残膜秸秆混合物圆包打包机

　　自行式残膜捡拾打包机机架前下方安装T形刀切膜辊，机架中部下方安装残膜带传动弹齿捡拾机构，残膜带传动弹齿捡拾机构上侧设置软硬结合式脱膜辊，软硬结合式脱膜辊后方设置负压吸风机，负压吸风机出口安装L形腹背尘土分离箱，L形腹背尘土分离箱出口安装转轮式残膜除土风箱，转轮式残膜除土风箱出口连接Q形残膜秸秆混合物圆包打包机。本设计的有益效果是结构简单、造价经济、维修方便、捡拾效率高，在不需要牵引拖拉机带动的情况下，实现残膜秸秆捡拾和打包，满足了残膜捡拾的功能需求。

【本章参考文献】

[1] 高华锋，张瑞勤，解燕，等．新型残膜捡拾机构的研究与试验［J］．干旱地区农业研究，2018，36（6）：275-280．

[2] 张恒，康建明，蒋平，等．CMJD-1500 型残膜捡拾打包机作业参数优化［J］．农机化研究，2018（8）：99-112．

[3] 赵岩，郑炫，陈学庚，等．CMIV-1500 型农田残膜捡拾打包联合作业机设计与试验［J］．农业工程学报，2017，33（5）：1-9．

[4] 董秋鹏，蒋永新，王毅超，等．滚筒式残膜回收机机架强度分析与试验［J］．农机化研究，2021（9）：22-28．

[5] 周令阳，施爱平，史迁，等．上输送齿链组合式残膜回收机参数优化及试验［J］.农机化研究，2023（4）：164-170．

图书在版编目（CIP）数据

残膜捡拾机核心机构设计 / 张亚新，相吉山著.
北京：中国农业出版社，2024. 6. -- ISBN 978 - 7 - 109
- 32152 - 6

Ⅰ. S223.5

中国国家版本馆 CIP 数据核字第 20241K0Y80 号

中国农业出版社出版

地址：北京市朝阳区麦子店街 18 号楼
邮编：100125
责任编辑：冀 刚 文字编辑：刘金华
版式设计：王 晨 责任校对：吴丽婷
印刷：中农印务有限公司
版次：2024 年 6 月第 1 版
印次：2024 年 6 月北京第 1 次印刷
发行：新华书店北京发行所
开本：787mm×1092mm 1/16
印张：7.75
字数：152 千字
定价：58.00 元
